人工智能

AI绘画
从入门到精通

文案+绘画+摄影+电商广告制作

谷哥 ◎ 编著

U0389786

化学工业出版社

·北京·

内 容 提 要

9 大专题内容深度讲解、140 多个实用干货技巧，从脚本、绘画、摄影到电商全实战！

90 多分钟教学视频讲解、5200+ 热门关键词赠送，人工智能 AI 绘画秘技一本就通！

全书分为 9 章，通过理论＋实例的形式分别介绍了 AI 绘画的基本知识、平台工具、文案代码、ChatGPT、文心一格、Midjourney 等基本内容，以及 AI 绘画、AI 摄影、电商广告等案例实战。本书选用了大量案例，叙述清晰、内容实用，重点章节配有视频教程，读者可以用手机扫描二维码查看。读者朋友无须生搬硬套书中的教程技巧，应在实际操作中加深理解和掌握各个知识点，做到学以致用、举一反三。

本书图片精美丰富，讲解深入浅出，实战性强，适合以下人员阅读：一是绘画爱好者；二是人工智能领域的相关从业人员；三是插画师、设计师、摄影师、漫画家、电商商家、短视频编导、其他艺术工作者等；四是美术、设计、计算机科学与技术等专业的学生。

图书在版编目（CIP）数据

人工智能：AI绘画从入门到精通：文案+绘画+摄影+电商广告制作 / 谷哥编著. —北京：化学工业出版社，2023.8（2024.4重印）
ISBN 978-7-122-43566-8

Ⅰ. ①人… Ⅱ. ①谷… Ⅲ. ①图像处理软件 Ⅳ. ①TP391.413

中国国家版本馆CIP数据核字（2023）第093539号

责任编辑：李 辰 孙 炜　　　　　　　　封面设计：异一设计
责任校对：宋 夏　　　　　　　　　　　装帧设计：盟诺文化

出版发行：化学工业出版社（北京市东城区青年湖南街 13 号　邮政编码 100011）
印　　装：天津裕同印刷有限公司
710mm×1000mm　1/16　印张13$\frac{1}{2}$　字数300千字　2024年4月北京第1版第4次印刷

购书咨询：010-64518888　　　　　　　售后服务：010-64518899
网　　址：http://www.cip.com.cn
凡购买本书，如有缺损质量问题，本社销售中心负责调换。

定　　价：78.00 元

前　言

　　AI 绘画作为一种新兴技术，正在逐渐融入绘画领域当中。随着人工智能技术的不断发展和普及，AI 绘画的市场也在逐渐扩大。以 AIGC（AI Generated Content，又称生成式 AI，意为人工智能生成内容）为代表的技术突破使人工智能成为当下科技行业的"显学"。

　　根据国泰君安于 2022 年年底发布的研报显示，预计未来 5 年内，AI 绘画在图像内容生成领域的渗透率将达到 10%～30%，市场规模将超过 600 亿元。

　　在发展前景方面，AI 绘画技术目前还处于初级阶段，虽然已经有不少公司推出了相关产品，但是在实际应用中还存在一些问题。例如，AI 绘画技术在复杂场景下的表现不尽如人意，还需要进一步提高准确率和实用性。不过，这些问题随着 AI 绘画技术的不断发展和突破，相信很快就能得到解决。

　　未来，AI 绘画技术将逐渐实现自我学习和自我完善，成为数字绘画领域中的重要力量，推动数字绘画的发展和进步。同时，AI 绘画技术将会广泛应用于电商广告、动画设计、游戏开发、影视后期等领域。

　　本书是一本全方位介绍人工智能 AI 绘画技术的综合性书籍，包含了从基础知识到高级技巧的全面讲解，重点章节配有视频教程二维码，读者朋友可用手机扫码观看。本书能够助力读者快速掌握 AI 绘画的应用技巧，是广大绘画爱好者和从事 AI 等相关职业的人员不可或缺的参考书。

　　本书涵盖了脚本、绘画、摄影、电商广告制作等多个方面的内容，为读者提供了全方位的学习体验，可以帮助读者更好地理解人工智能 AI 绘画的应用场景和技术原理。同时，本书还提供了大量实用案例和技巧，帮助读者快速上手，打造出更具创意性和商业价值的 AI 绘画作品。

AI 绘画技术不是遥不可及的高端技术，只要有一本好书，谁都能掌握它！

特别提示：本书在编写时是基于当前各种 AI 工具和平台的界面截取实际操作图片，但书从编辑到出版需要一段时间，这些工具的功能和界面可能会有变动，请读者在阅读时根据书中的思路举一反三进行学习，另外还需要注意，即使是相同的关键词，AI 每次生成的文案或图片内容也会有差别。

本书由谷哥编著，参与编写的人员还有苏高、胡杨等，在此表示感谢。由于编者的知识水平有限，书中难免会有错误和疏漏之处，恳请广大读者批评、指正，沟通和交流请联系微信 157075539。

编著者

目　录

第1章　人工智能：AI绘画的创新之路

1.1　AI绘画的定义与特点 ···············2

1.1.1　了解AI绘画的定义 ··············2

1.1.2　AI绘画的技术特点 ··············3

1.2　AI绘画的技术原理 ···············5

1.2.1　生成对抗网络技术 ··············5

1.2.2　卷积神经网络技术 ··············6

1.2.3　转移学习技术 ·················7

1.2.4　图像分割技术 ·················8

1.2.5　图像增强技术 ·················8

1.3　AI绘画的应用场景 ···············9

1.3.1　应用场景1：游戏开发 ···········9

1.3.2　应用场景2：电影和动画 ········13

1.3.3　应用场景3：设计和广告 ········15

1.3.4　应用场景4：数字艺术 ·········18

1.4　AI绘画的发展趋势 ··············19

1.4.1　技术和算法的优化 ············19

1.4.2　数据集的拓展 ···············20

1.4.3　应用场景的拓展 ·············21

1.4.4　新的艺术探索方向 ············22

1.5　AI绘画的未来展望 ··············22

1.5.1　更加智能化和多样化 ··········22

1.5.2　更多的人机交互方式 ··········25

1.5.3　艺术与科技的充分融合 ········26

1.6　AI绘画的挑战和机遇 ············26

1.6.1　AI绘画的技术难点 ···········27

1.6.2　法律与伦理问题 ·············27

1.6.3　AI绘画的机遇 ··············28

本章小结 ·······················29

课后习题 ·······················29

第2章　平台工具：用人工智能生成内容

2.1　10个全自动AI文案创作神器 ·········31

2.1.1　ChatGPT，人工智能聊天机器人 ·····31

2.1.2　文心一言，AI文学写作工具 ·······32

2.1.3　通义千问，智能化的问答机制 ·····32

2.1.4　智能写作，一站式的文章创作 ·····33

2.1.5　悉语智能文案，一键生成营销文案 ···34

2.1.6　弈写，用AI提升内容生产效率 ·····35

2.1.7　Get智能写作，辅助用户高效办公 ···35

2.1.8　Effidit，提高写作效率和创作体验 ···36

2.1.9　彩云小梦，用人工智能续写小说 ····37

2.1.10　秘塔写作猫，AI Native内容创作
平台 ·························37

2.2　10个AI绘画创作的平台和工具 ·······38

2.2.1　Midjourney，AI已经不逊于人类
画师了 ·······················38

2.2.2　文心一格，AI艺术和创意辅助平台 ···39

2.2.3　ERNIE-ViLG，步入AI应用的新阶段 ···39

2.2.4　AI文字作画，一句话让文字秒变
画作 ·························40

2.2.5　Stable Diffusion，让绘画过程更加
平滑和自然 ·····················41

2.2.6 DEEP DREAM GENERATOR,
生成艺术风格图像·················· 42

2.2.7 artbreeder，创建出独特和个性化的
AI画作····························· 42

2.2.8 无界版图，数字版权在线拍卖平台··· 43

2.2.9 造梦日记，帮用户实现
"梦中的画面"······················ 44

2.2.10 意间AI绘画，激发无限灵感创造
新世界····························· 45

2.3 10个AI视频创作的平台和工具········· 45

2.3.1 剪映，图文成片功能让脚本自动
生成视频··························· 45

2.3.2 腾讯智影，集成强大的AI创作能力··· 47

2.3.3 PICTORY，基于人工智能的视频
生成器····························· 48

2.3.4 FlexClip，轻松制作高质量的视频
内容······························· 49

2.3.5 elai，能够生成包含真人的AI视频····· 50

2.3.6 invideo，快速创建专业品质的视频··· 51

2.3.7 DESIGNS.AI，使用AI匹配完美的
画面······························· 52

2.3.8 Fliki，从脚本或博客文章创建视频··· 53

2.3.9 Synthesys，生成逼真的虚拟视频
人物······························· 53

2.3.10 VEED.IO，提高视频编辑的效率和
质量······························· 54

本章小结···························· 55
课后习题···························· 55

第3章 文案代码：有趣的智能交互体验

3.1 有趣的AI互动玩法················· 57

3.1.1 对话聊天······················ 57

3.1.2 充当咨询顾问·················· 58

3.1.3 制定计划······················ 61

3.1.4 制定方案······················ 62

3.1.5 开发程序······················ 63

3.1.6 语音助手······················ 64

3.1.7 创作音乐······················ 65

3.1.8 智力游戏······················ 66

3.2 神奇的AI文案代码创作功能········· 68

3.2.1 编写短视频脚本················ 68

3.2.2 编写销售文案·················· 70

3.2.3 编写品牌宣传文案·············· 71

3.2.4 生成评论文案·················· 72

3.2.5 撰写论文······················ 73

3.2.6 故事或小说创作················ 75

3.2.7 编写标题文案·················· 76

3.2.8 编写自媒体文章················ 77

3.2.9 生成AI绘画代码················ 78

本章小结···························· 79
课后习题···························· 79

第4章 多元文案：ChatGPT的应用与
优化

4.1 认识并注册ChatGPT··············· 81

4.1.1 ChatGPT的历史与发展·········· 81

4.1.2 自然语言处理的发展史·········· 81

4.1.3 ChatGPT的产品模式············ 82

4.1.4 ChatGPT的主要功能············ 83

4.1.5 注册与登录ChatGPT············ 83

4.2 ChatGPT的使用与优化············· 85

4.2.1 掌握ChatGPT的基本用法········ 86

4.2.2 让ChatGPT变得更生动、灵活····· 87

4.2.3 让ChatGPT自动添加图片········ 88

4.2.4 让ChatGPT模仿写作风格········ 90

4.2.5 有效的ChatGPT提问结构········ 92

4.2.6 使用ChatGPT指定关键词········ 94

4.3 利用ChatGPT生成短视频脚本······· 96

4.3.1 策划短视频的主题·············· 96

4.3.2 生成短视频的脚本·············· 98

本章小结 ………………………… 100
课后习题 ………………………… 100

第5章 一语成画：快速生成的文心一格

5.1 认识并注册文心一格 ………… 102
5.1.1 了解文心一格的产品背景 … 102
5.1.2 注册与登录文心一格平台 … 103
5.1.3 文心一格的"电量"充值 … 104
5.2 文心一格的AI绘画技巧 ……… 105
5.2.1 输入关键词快速作画 ……… 106
5.2.2 更改AI作品的画面类型 …… 107
5.2.3 设置生成作品的比例和数量 … 109
5.2.4 使用自定义AI绘画模式 …… 110
5.2.5 上传参考图实现以图生图 … 111
5.2.6 用图片叠加功能混合两张图 …113
5.2.7 用涂抹编辑功能修复图片瑕疵 …115
5.3 文心一格的AI实验室用法 …… 117
5.3.1 使用人物动作识别再创作功能 …117
5.3.2 使用线稿识别再创作功能 … 119
5.3.3 使用自定义模型功能 ……… 120
本章小结 ………………………… 121
课后习题 ………………………… 121

第6章 艺术创作：运作Midjourney进行设计

6.1 Midjourney的注册和设置 …… 123
6.1.1 注册Discord账号 …………… 123
6.1.2 进入Midjourney频道 ……… 124
6.1.3 创建Midjourney服务器 …… 126
6.1.4 添加Midjourney Bot ……… 128
6.2 Midjourney的基本绘画技巧 … 130
6.2.1 使用文本指令进行AI绘画 … 130
6.2.2 使用U按钮生成大图效果 … 132
6.2.3 使用V按钮重新生成图片 … 134

6.2.4 使用/describe指令以图生文 … 135
6.2.5 使用/blend指令混合两张图片 … 137
6.3 Midjourney的高级绘图设置 … 139
6.3.1 Midjourney的常用指令 …… 140
6.3.2 设置生成图片的尺寸 ……… 141
6.3.3 提升图片的细节质量 ……… 142
6.3.4 激发AI的创造能力 ………… 144
6.3.5 有趣的混音模式用法 ……… 145
6.3.6 批量生成多组图片 ………… 147
本章小结 ………………………… 148
课后习题 ………………………… 148

第7章 AI绘画：大幅提升绘画创作效率

7.1 AI绘画的基本流程 …………… 150
7.1.1 描述画面主体 ……………… 150
7.1.2 补充画面细节 ……………… 151
7.1.3 指定画面色调 ……………… 152
7.1.4 设置画面参数 ……………… 154
7.1.5 指定艺术风格 ……………… 155
7.1.6 设置画面尺寸 ……………… 156
7.2 AI绘画的实战案例 …………… 157
7.2.1 绘制艺术画 ………………… 157
7.2.2 绘制二次元漫画 …………… 159
7.2.3 绘制超现实主义作品 ……… 163
7.2.4 绘制概念插画 ……………… 165
7.2.5 绘制中国风绘画作品 ……… 167
本章小结 ………………………… 169
课后习题 ………………………… 170

第8章 AI摄影：生成精美的个性化作品

8.1 AI摄影的流程与技术 ………… 172
8.1.1 画面主体 …………………… 172
8.1.2 镜头类型 …………………… 173
8.1.3 画面景别 …………………… 174

8.1.4 拍摄角度·······175
8.1.5 光线角度·······176
8.1.6 构图方式·······177
8.1.7 光圈景深·······178
8.1.8 摄影风格·······180
8.2 AI摄影的实战案例·······181
8.2.1 生成人像摄影作品 181
8.2.2 生成风光摄影作品 184
8.2.3 生成动物摄影作品 185
8.2.4 生成植物摄影作品 186
8.2.5 生成建筑摄影作品 187
8.2.6 生成人文摄影作品 188
本章小结·······188
课后习题·······189

第9章 电商广告：高效率、高质量的视觉转化

9.1 电商广告的流程与技术·······191
9.1.1 设计店铺Logo 191
9.1.2 设计产品主图 192
9.1.3 设计模特展示图 193
9.1.4 设计产品详情页 195
9.1.5 设计店铺海报 197
9.2 电商广告的案例实战·······198
9.2.1 制作家电广告 198
9.2.2 制作数码广告 199
9.2.3 制作家居广告 201
9.2.4 制作食品广告 203
9.2.5 制作汽车广告 203
9.2.6 制作房产广告 204
本章小结·······207
课后习题·······207

第 1 章

人工智能： AI 绘画的创新之路

现在，AI 绘画已经成为数字艺术的一种重要形式，它通过机器学习、计算机视觉和深度学习等技术可以帮助艺术家快速地生成各种艺术作品，同时也为人工智能领域的发展提供了一个很好的应用场景。

1.1 AI绘画的定义与特点

AI（Artificial Intelligence，人工智能）绘画是指利用人工智能技术来创造艺术作品的过程，它涵盖了各种技术和方法，包括计算机视觉、深度学习、生成对抗网络（Generative Adversarial Network，GAN）等。通过这些技术，计算机可以学习艺术风格，并使用这些知识来创造全新的艺术作品。

1.1.1　了解AI绘画的定义

AI绘画是利用人工智能技术进行图像生成的一种数字艺术形式，使用计算机生成的算法和模型来模拟人类艺术家的创作行为，自动化地生成各种类型的数字绘画作品，包括肖像画、风景画、抽象画等，如图1-1所示。

图 1-1　AI 绘画效果

AI绘画的原理涉及多个方面，例如风格转换、自适应着色、生成对抗网络等技术。用户可以通过对AI模型进行训练，让AI模型学习并模仿不同风格的艺术家，从而创造出具有新颖性和独特性的艺术作品。

与传统的绘画创作不同，AI绘画的过程和结果都依赖于计算机技术和算法，它可以为艺术家和设计师带来更高效、更精准、更有创意的绘画创作体验。图1-2所示为AI绘画的优势。

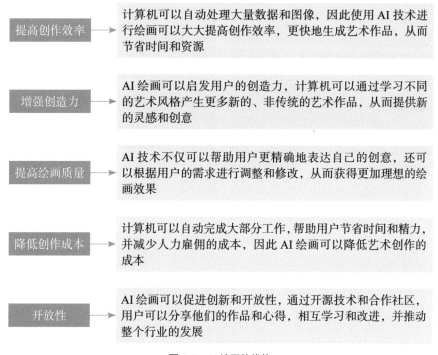

提高创作效率	计算机可以自动处理大量数据和图像，因此使用 AI 技术进行绘画可以大大提高创作效率，更快地生成艺术作品，从而节省时间和资源
增强创造力	AI 绘画可以启发用户的创造力，计算机可以通过学习不同的艺术风格产生更多新的、非传统的艺术作品，从而提供新的灵感和创意
提高绘画质量	AI 技术不仅可以帮助用户更精确地表达自己的创意，还可以根据用户的需求进行调整和修改，从而获得更加理想的绘画效果
降低创作成本	计算机可以自动完成大部分工作，帮助用户节省时间和精力，并减少人力雇佣的成本，因此 AI 绘画可以降低艺术创作的成本
开放性	AI 绘画可以促进创新和开放性，通过开源技术和合作社区，用户可以分享他们的作品和心得，相互学习和改进，并推动整个行业的发展

图 1-2　AI 绘画的优势

总之，AI绘画的优势不仅仅在于提高创作效率和降低创作成本，更在于它为用户带来了更多的创造性和开放性，推动了艺术创作的发展。

1.1.2　AI绘画的技术特点

AI绘画具有快速、高效、自动化等特点，它的技术特点主要在于能够利用人工智能技术和算法对图像进行处理和创作，实现艺术风格的融合和变换，提升用户的绘画创作体验。AI绘画的技术特点包括以下几个方面。

（1）图像生成：利用生成对抗网络、变分自编码器（Variational Auto Encoder，VAE）等技术生成图像，实现从零开始创作新的艺术作品。

（2）风格转换：利用卷积神经网络（Convolutional Neural Networks，CNN）等技术将一张图像的风格转换成另一张图像的风格，从而实现多种艺术风格的融合与变换。图1-3所示为用AI绘画创作的红梅，左图为超写实的画风，右图为油画风格。

图 1-3　用 AI 创作不同风格的红梅画作

（3）自适应着色：利用图像分割、颜色填充等技术让计算机自动为线稿或黑白图像添加颜色和纹理，从而实现图像的自动着色，如图1-4所示。

图 1-4　利用 AI 绘画技术为图像着色

（4）图像增强：利用超分辨率（Super-Resolution）、去噪（Noise Reduction）等技术可以大幅提高图像的清晰度和质量，使得艺术作品更加逼真、精细。对于图像增强技术，后面会有更详细的介绍，此处不再赘述。

★ 专家提醒 ★

　　超分辨率技术是通过硬件或软件的方法提高原有图像的分辨率，通过一系列低分辨率的图像来得到一幅高分辨率的图像的过程就是超分辨率重建。

　　去噪技术是通信工程术语，是一种从信号中去除噪声的技术。图像去噪就是去除图像中的噪声，从而恢复真实的图像效果。

　　（5）监督学习和无监督学习：利用监督学习（Supervised Learning）和无监督学习（Unsupervised Learning）等技术对艺术作品进行分类、识别、重构、优化等处理，从而实现对艺术作品的深度理解和控制。

★ 专家提醒 ★

　　监督学习也称为监督训练或有教师学习，它是利用一组已知类别的样本调整分类器的参数，使其达到所要求性能的过程。

　　无监督学习是指根据类别未知（没有被标记）的训练样本解决模式识别中的各种问题。

1.2　AI绘画的技术原理

　　前面简单介绍了AI绘画的技术特点，本节将深入探讨AI绘画的技术原理，帮助大家进一步了解AI绘画，这有助于大家更好地理解AI绘画是如何实现绘画创作的，以及如何通过不断地学习和优化来提高绘画的质量。

1.2.1　生成对抗网络技术

　　AI绘画的技术原理主要是生成对抗网络，它是一种无监督学习模型，可以模拟人类艺术家的创作过程，从而生成高度逼真的图像效果。

　　生成对抗网络是一种通过训练两个神经网络来生成逼真图像的算法。其中，一个生成器（Generator）网络用于生成图像，另一个判别器（Discriminator）网络用于判断图像的真伪，并反馈给生成器网络。

　　生成对抗网络的目标是通过训练两个模型的对抗学习生成与真实数据相似的数据样本，从而逐渐生成越来越逼真的艺术作品。GAN模型的训练过程可以简单描述为几个步骤，如图1-5所示。

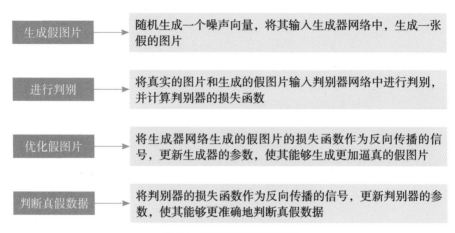

图 1-5　GAN 模型的训练过程

GAN模型的优点在于能够生成与真实数据非常相似的假数据，同时具有较高的灵活性和可扩展性。GAN是深度学习中的重要研究方向之一，已经成功地应用于图像生成、图像修复、图像超分辨率、图像风格转换等领域。

1.2.2　卷积神经网络技术

卷积神经网络可以对图像进行分类、识别和分割等操作，同时也是实现风格转换和自适应着色的重要技术之一。卷积神经网络在AI绘画中起着重要的作用，主要表现在以下几个方面。

（1）图像分类和识别：CNN可以对图像进行分类和识别，通过对图像进行卷积（Convolution）和池化（Pooling）等操作提取出图像的特征，最终进行分类或识别。在AI绘画中，CNN可以用于对绘画风格进行分类，或对图像中的不同部分进行识别和分割，从而实现自动着色或图像增强等操作。

（2）图像风格转换：CNN可以通过将两个图像的特征进行匹配，实现将一张图像的风格应用到另一张图像上的操作。在AI绘画中，可以通过CNN实现将一个艺术家的绘画风格应用到另一个图像上，生成具有特定艺术风格的图像。图1-6所示为应用了美国艺术家詹姆士·古尼（James Gurney）的哑光绘画风格绘制的作品，关键词为"史诗哑光绘画，微距离拍摄，在山上，桥，金叶，火花，晚上，冬天，高清图片，哑光绘画，James Gurney"。

（3）图像生成和重构：CNN可以用于生成新的图像或对图像进行重构。在AI绘画中，可以通过CNN实现对黑白图像的自动着色，或对图像进行重构和增强，提高图像的质量和清晰度。

图 1-6　哑光绘画艺术风格

（4）图像降噪和杂物去除：在AI绘画中，可以通过CNN实现去除图像中的噪点和杂物，从而提高图像的质量和视觉效果。

总之，卷积神经网络作为深度学习中的核心技术之一，在AI绘画中具有广泛的应用场景，为AI绘画的发展提供了强大的技术支持。

1.2.3　转移学习技术

转移学习又称为迁移学习（Transfer Learning），它是一种将已经训练好的模型应用于新的领域或任务中的方法，可以提高模型的泛化能力和效率。转移学习是指利用已经学过的知识和经验来帮助解决新的问题或任务的方法，因为模型可以利用已经学到的知识来帮助解决新的问题，而不必从头开始学习。

转移学习通常可以分为以下几种类型。

（1）基于模型的转移学习：使用已经学习好的模型来帮助解决新的任务，例如使用预训练的神经网络模型来进行图像分类。

（2）基于特征的转移学习：将已经学习好的特征表示应用于新的任务中，例如使用预训练的自然语言处理模型中的词嵌入来进行文本分类。

（3）基于关系的转移学习：利用已经学习好的任务之间的关系来帮助解决新的任务，例如利用图像和文本之间的关系来实现多模态任务的学习。

转移学习在许多领域中都有广泛的应用，例如计算机视觉、自然语言处理和推荐系统等。

1.2.4 图像分割技术

图像分割是将一张图像划分为多个不同区域的过程，每个区域具有相似的像素值或者语义信息。图像分割在计算机视觉领域有着广泛的应用，例如目标检测、自动着色、图像语义分割、医学影像分析、图像重构等。图像分割的方法可以分为几类，如图1-7所示。

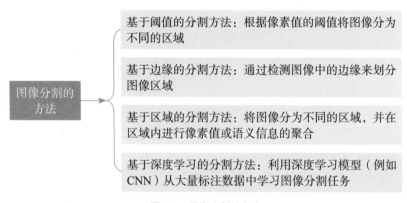

图 1-7 图像分割的方法

在实际应用中，基于深度学习的分割方法往往表现出较好的效果，尤其是在语义分割等高级任务中。同时，对于特定领域的图像分割任务，例如医学影像分割，还需要结合领域知识和专业的算法来实现更好的效果。

1.2.5 图像增强技术

图像增强是指对图像进行增强操作，使其更加清晰、明亮，色彩更鲜艳或更加易于分析。图像增强可以改善图像的质量，提高图像的可视性和识别性能。图1-8所示为常见的图像增强方法。

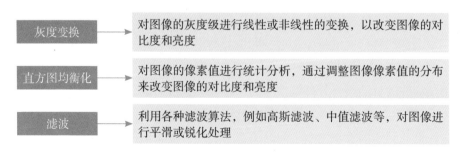

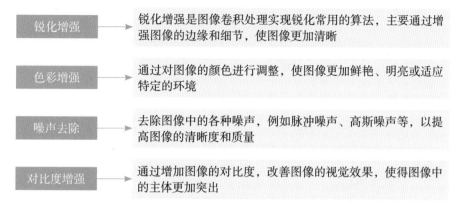

锐化增强	→	锐化增强是图像卷积处理实现锐化常用的算法，主要通过增强图像的边缘和细节，使图像更加清晰
色彩增强	→	通过对图像的颜色进行调整，使图像更加鲜艳、明亮或适应特定的环境
噪声去除	→	去除图像中的各种噪声，例如脉冲噪声、高斯噪声等，以提高图像的清晰度和质量
对比度增强	→	通过增加图像的对比度，改善图像的视觉效果，使得图像中的主体更加突出

图 1-8　常见的图像增强方法

图1-9所示为图像色彩增强前后的效果对比。总之，图像增强在计算机视觉、图像处理、医学影像处理等领域都有着广泛的应用，可以帮助改善图像的质量和性能，提高图像处理的效率。

图 1-9　图像色彩增强前后的效果对比

1.3 AI绘画的应用场景

　　AI绘画在近年来得到了人们越来越多的关注和研究，其应用领域也越来越广泛，包括游戏、电影、动画、设计、数字艺术等。AI绘画不仅可以用于生成各种形式的艺术作品，例如绘画、素描、水彩画、油画、立体艺术等，还可以用于自动生成艺术品的创作过程，从而帮助艺术家更快、更准确地表达自己的创意。总之，AI绘画是一个非常有前途的领域，将会对许多行业和领域产生重大的影响。

1.3.1 应用场景1：游戏开发

　　AI绘画可以帮助游戏开发者快速生成游戏中需要的各种艺术资源，例如人物角色、背景等图像素材。下面是AI绘画在游戏开发中的一些应用场景。

（1）环境和场景绘制：AI绘画技术可被用于快速生成游戏中的背景和环境，例如城市街景、森林、荒野、建筑等，如图1-10所示。这些场景可以使用GAN生成器或其他机器学习技术快速创建，并且可以根据需要进行修改和优化。

图 1-10　使用 AI 绘画技术绘制的游戏场景

（2）角色设计：AI绘画技术可以用于游戏中角色的设计，如图1-11所示。游戏开发者可以通过GAN生成器或其他技术快速生成角色草图，然后使用传统绘画工具进行优化和修改。

图 1-11　使用 AI 绘画技术绘制的游戏角色

（3）纹理生成：纹理在游戏中是非常重要的一部分，AI绘画技术可以用于生成高质量的纹理，例如石头、木材、金属等，如图1-12所示。

图 1-12　使用 AI 绘画技术绘制的金属纹理素材

（4）视觉效果：AI绘画技术可以帮助游戏开发者更加快速地创建各种视觉效果，例如烟雾、火焰、水波、光影等，如图1-13所示。

图 1-13　使用 AI 绘画技术绘制的光影效果

（5）动画制作：AI绘画技术可被用于快速创建游戏中的动画序列，如图1-14所示。AI绘画技术可以将手绘的草图转化为动画序列，并根据需要进行调整。

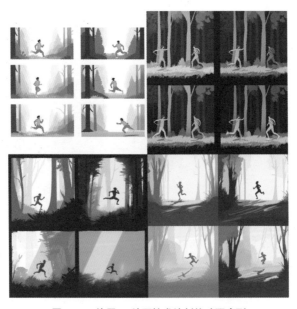

图 1-14　使用 AI 绘画技术绘制的动画序列

AI绘画技术在游戏开发中有着很多的应用，可以帮助游戏开发者高效地生成高质量的游戏内容，从而提高游戏的质量和玩家的体验。

1.3.2　应用场景2：电影和动画

AI绘画技术在电影和动画制作中有着越来越广泛的应用，可以帮助电影和动画制作人员快速生成各种场景和进行角色设计以及特效和后期制作，下面是一些具体的应用场景。

（1）前期制作：在电影和动画的前期制作中，AI绘画技术可被用于快速生成概念图和分镜头草图，如图1-15所示，从而帮助制作人员更好地理解角色和场景，以及更好地规划后期制作流程。

图 1-15　使用 AI 绘画技术绘制的电影分镜头草图

（2）特效制作：AI绘画技术可以用于生成各种特效，例如烟雾、火焰、水波等，如图1-16所示。这些特效可以帮助制作人员更好地表现场景和角色，从而提高电影和动画的质量。

（3）角色设计：AI绘画技术可以用于快速生成角色设计草图，如图1-17所示，这些草图可以帮助制作人员更好地理解角色，从而精准地塑造角色的形象和个性。

图 1-16　使用 AI 绘画技术绘制的火焰特效

图 1-17　使用 AI 绘画技术绘制的角色设计草图

（4）环境和场景设计：AI绘画技术可以用于快速生成环境和场景设计草图，如图1-18所示，这些草图可以帮助制作人员更好地规划电影和动画的场景和布局。

图 1-18　使用 AI 绘画技术绘制的场景设计草图

（5）后期制作：在电影和动画的后期制作中，AI绘画技术可被用于快速生成高质量的视觉效果，例如色彩修正、光影处理、场景合成等，如图1-19所示，从而提高电影和动画的视觉效果和质量。

图 1-19　使用 AI 绘画技术绘制的场景合成效果

AI绘画技术在电影和动画中的应用是非常广泛的，它可以加速创作过程，提高图像的质量和创意的创新度，为电影和动画行业带来了巨大的变革和机遇。

1.3.3　应用场景3：设计和广告

在设计和广告领域中，使用AI绘画技术可以提高设计的效率和作品的质量，促进广告内容的多样化发展，增强产品设计的创造力和展示效果，以及提供更加智能、高效的用户交互体验。

AI绘画技术可以帮助设计师和广告制作人员快速生成各种平面设计和宣传资料，例如广告海报、宣传图等图像素材，下面是一些典型的应用场景。

（1）设计师辅助工具：AI绘画技术可以用于辅助设计师进行快速的概念草图、色彩搭配等设计工作，从而提高设计的效率和质量。

（2）广告创意生成：AI绘画技术可以用于生成创意的广告图像、文字，以及广告场景的搭建，从而快速地生成多样化的广告内容，如图1-20所示。

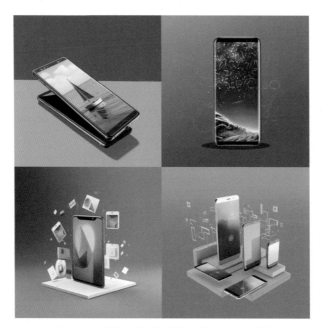

图 1-20　使用 AI 绘画技术绘制的手机广告图片

（3）美术创作：AI绘画技术可以用于美术创作，帮助艺术家快速生成、修改或者完善他们的作品，提高艺术创作的效率和创新能力，如图1-21所示。

（4）产品设计：AI绘画技术可以用于生成虚拟的产品样品，如图1-22所示，从而在产品设计阶段帮助设计师更好地进行设计和展示，并得到反馈和修改意见。

图 1-21　使用 AI 绘画技术绘制的美术作品

图 1-22 使用 AI 绘画技术绘制的产品样品图

（5）智能交互：AI 绘画技术可被用于智能交互，例如智能客服、语音助手等，如图1-23所示，通过生成自然、流畅、直观的图像和文字提供更加高效、友好的用户体验。

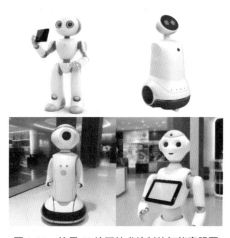

图 1-23 使用 AI 绘画技术绘制的智能客服图

1.3.4 应用场景4：数字艺术

AI绘画成为数字艺术的一种重要形式，艺术家可以利用AI绘画的技术特点创作出具有独特性的数字艺术作品，如图1-24所示。AI绘画的发展对于数字艺术的推广有着重要作用，它推动了数字艺术的创新。

图 1-24　使用 AI 绘画技术绘制的数字艺术作品

1.4 AI绘画的发展趋势

目前，AI绘画已经取得了很大的发展，并且广泛应用到许多领域，例如电影、游戏、虚拟现实、教育等。在这些领域，AI绘画的应用可以大大提高生产的效率和艺术创作的质量。那么，随着人工智能技术的快速发展，AI绘画将会朝哪些方向发展呢？本节将探讨AI绘画的发展趋势。

1.4.1 技术和算法的优化

目前，AI绘画的技术仍然存在一些问题，例如生成的图像可能会出现失真、颜色不均等问题，如图1-25所示。因此，研究者需要不断地优化算法，提高生成图像的质量和真实感。

图 1-25 图像出现失真问题

当然，AI绘画的技术是不断创新的，随着深度学习和计算机视觉技术的发展，越来越多的研究者开始探索如何使用这些技术来让计算机自动完成绘画任务。例如，一些研究者已经成功地开发了基于GAN的绘画算法，可以让计算机学习现实世界中的绘画样本，并生成类似于人类绘画的作品，如图1-26所示。

此外，一些大型互联网公司也在开发自己的AI绘画技术，例如Google（谷歌）的DeepDream、Adobe的Project Scribbler等，这些技术可以帮助用户轻松地将自己的创意转化为艺术作品。

图 1-26　类似于人类绘画的作品

1.4.2　数据集的拓展

AI绘画需要大量的数据集来训练算法，使得算法可以生成高质量的绘画作品，因此数据集的质量和数量对于AI绘画的效果有很大的影响。为了提高AI绘画的准确性和丰富度，研究者需要不断地拓展数据集，这也是AI绘画的发展趋势之一。图1-27所示为拓展AI绘画数据集的一些方法。

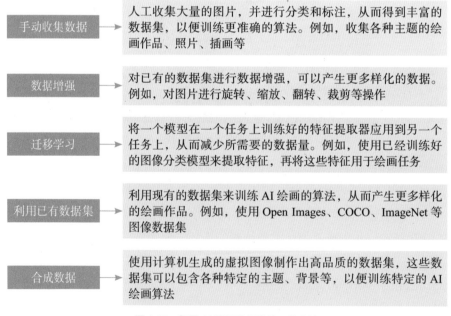

图 1-27　拓展 AI 绘画数据集的一些方法

数据集的拓展是AI绘画技术持续进步的关键因素。在未来，随着越来越多的数据被添加到数据集中，AI绘画模型可以更好地理解图像的结构和特征，从而提高绘画的质量，增加绘画的多样性。

1.4.3　应用场景的拓展

随着人工智能技术的不断发展，AI绘画的应用场景也会不断拓展，除了游戏、电影、广告和数字艺术以外，AI绘画还可以应用于设计、建筑、医疗、教育等领域。在未来，相信AI绘画的应用场景还将不断扩大和深化。

例如，AI绘画可以用于增强虚拟现实体验，使用基于GAN的算法，根据真实世界的场景生成虚拟现实场景，如图1-28所示。

图 1-28　根据真实世界的场景生成虚拟现实场景

1.4.4　新的艺术探索方向

随着AI技术的发展，人工智能可以通过学习大量的艺术作品模仿艺术家的风格，生成全新的艺术作品。图1-29所示为AI绘画在艺术中的一些探索方向。

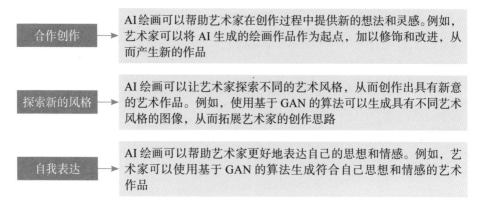

图 1-29　AI 绘画在艺术中的一些探索方向

可以说，AI绘画技术为艺术家提供了一个新的探索方向，帮助他们在创作过程中发掘新的想法和灵感，探索新的艺术风格，更好地表达自己的思想和情感。同时，AI绘画技术不仅可以帮助艺术家节省时间和精力，还可以创造出更具创新性和个性化的作品。

1.5　AI绘画的未来展望

AI绘画技术在过去几年中得到了迅速的发展和应用，在未来有望实现更多的突破和应用。总之，AI绘画技术有着广阔的应用前景和发展空间，在未来还有很多有趣和令人期待的方向等待探索和发展。

1.5.1　更加智能化和多样化

随着人工智能技术的不断发展，AI绘画将会变得越来越智能化和多样化，AI模型也将能够生成更加复杂、细腻和逼真的图像，同时会具有更加个性化的艺术风格。AI绘画的智能化和多样化的具体表现如下。

1. 智能化

AI绘画的智能化主要表现在几个方面，如图1-30所示。

自动化 ➤ AI 绘画可以实现自动化生成艺术作品，减少了人工操作的时间和成本，提高了效率

自适应学习 ➤ 未来的 AI 绘画技术有望实现自适应学习，从而提高生成图像的质量和逼真度，并根据用户反馈和偏好来调整生成图像的风格和特征

交互性 ➤ AI 绘画可以通过交互性来实现更加个性化和智能化的用户体验。例如，用户可以提供输入信息，例如文字描述、音乐、情感等，来影响生成图像的内容和特征

图 1-30　AI 绘画的智能化表现

2. 多样化

AI 绘画的多样化主要表现在以下几个方面。

（1）风格多样：AI 绘画可以模仿多种不同的艺术风格，例如印象派、立体主义、抽象表现主义等，生成具有不同风格的艺术作品。图1-31所示为印象派的艺术风格；图1-32所示为抽象表现主义的艺术风格。

图 1-31　印象派的艺术风格

23

图 1-32　抽象表现主义的艺术风格

（2）类型多样：AI绘画不仅可以生成绘画作品，还可以生成雕塑、装置艺术、数字艺术等多种类型的艺术作品。图1-33所示为AI绘画生成的雕塑作品。

图 1-33　AI 绘画生成的雕塑作品

（3）数据集多样：AI绘画的数据集可以来自不同的领域，例如绘画、摄影、文学、历史等领域，从而丰富了生成图像的内容和特征。

★ 专 家 提 醒 ★

数据集（Data set）又称为资料集或数据集合，是一种由数据所组成的集合。

AI绘画的智能化和多样化为其应用带来了更多的可能性和灵活性，同时也能够更好地满足不同用户的需求和偏好。

1.5.2　更多的人机交互方式

未来，人机交互将会成为AI绘画的一个重要发展方向。通过与用户交互，AI模型可以根据用户的意愿生成图像，从而实现更加个性化的艺术创作功能。

AI绘画的人机交互是指人与AI绘画技术之间的相互作用和合作，可以是人类艺术家与AI绘画算法的合作，也可以是用户与AI绘画应用程序的交互。人机交互可以帮助用户更好地控制和影响生成图像的内容和特征，从而实现更加个性化和多样化的艺术作品。图1-34所示为一些AI绘画的人机交互方式。

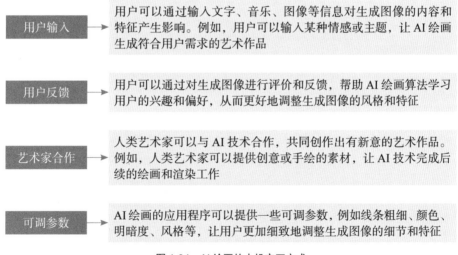

图 1-34　AI 绘画的人机交互方式

AI绘画的人机交互方式为人们带来了更加广阔的艺术想象空间和更加高效的创作方式。从人工智能辅助绘画到全自动生成艺术作品，这一领域不断发展和进步，必将在未来的艺术创作中扮演越来越重要的角色。

1.5.3 艺术与科技的充分融合

未来，人们可以期待看到更多具有科技元素的艺术作品，从而推动数字艺术的发展。AI绘画的发展将会进一步推动艺术与科技的融合，两者的意义如下。

（1）艺术是人类文化的重要组成部分，其表现形式多种多样，包括绘画、雕塑、音乐、舞蹈等，是人类情感、思想和审美的典型表达方式。

（2）科技则是现代社会的推动力之一，其不断发展和创新，为人类社会的生产、生活和文化带来了巨大的改变和影响。

★ 专家提醒 ★

未来的AI绘画技术有望应用于多模态领域，例如音乐、视频等，生成更加多样化的艺术作品。

在AI绘画中，科技和艺术的融合主要表现在几个方面，如图1-35所示。

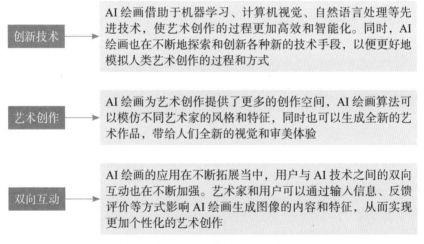

图 1-35　AI 绘画中科技和艺术的融合的表现

AI绘画通过将艺术与科技进行充分融合，使得艺术创作更加高效和多样化，同时也为科技的发展带来了更多的艺术与人文关怀，这种融合将进一步推动艺术和科技两个领域的交流与合作。

1.6 AI绘画的挑战和机遇

虽然AI绘画的发展非常迅猛，但是它也面临着一些挑战。例如，AI绘画算法的训练需要大量的数据和计算资源，因此训练时间和成本较高。另外，一些人担心AI绘画技术可能会取代人类艺术家的创作，这也需要经过进一步的探讨和思考。本节将带大家探讨AI绘画的挑战和机遇。

1.6.1　AI绘画的技术难点

虽然AI绘画已经取得了一定的进展和成果，但是AI绘画技术仍处于早期阶段，缺乏稳定性，且存在一定的不确定性，尤其在技术方面仍然面临一些难点和挑战，主要包括如图1-36所示的几个方面。为了解决这些问题，研究者需要不断改进算法和提高技术水平。

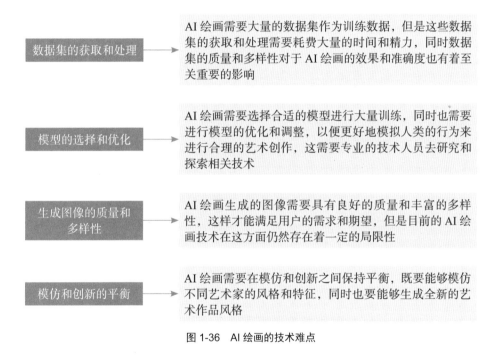

图 1-36　AI 绘画的技术难点

1.6.2　法律与伦理问题

AI绘画也会涉及一些法律和伦理问题，例如版权、个人隐私等问题，因此AI绘画的发展需要在法律和伦理的制约下进行。AI绘画中可能涉及的法律和伦理问题主要包括如图1-37所示的几个方面。

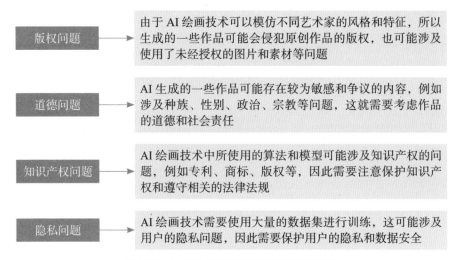

版权问题	▶	由于 AI 绘画技术可以模仿不同艺术家的风格和特征，所以生成的一些作品可能会侵犯原创作品的版权，也可能涉及使用了未经授权的图片和素材等问题
道德问题	▶	AI 生成的一些作品可能存在较为敏感和争议的内容，例如涉及种族、性别、政治、宗教等问题，这就需要考虑作品的道德和社会责任
知识产权问题	▶	AI 绘画技术中所使用的算法和模型可能涉及知识产权的问题，例如专利、商标、版权等，因此需要注意保护知识产权和遵守相关的法律法规
隐私问题	▶	AI 绘画技术需要使用大量的数据集进行训练，这可能涉及用户的隐私问题，因此需要保护用户的隐私和数据安全

图 1-37　AI 绘画中可能涉及的法律和伦理问题

AI绘画领域中涉及的法律和伦理问题是该领域在长期发展过程中需要认真面对和解决的难题，只有在合理、透明、公正的监管和规范下AI绘画才能真正发挥其创造性和艺术性，同时避免不必要的风险和纠纷。

1.6.3　AI绘画的机遇

AI绘画的出现将会打破传统艺术的形式，未来的数字艺术将会与传统艺术形式相互融合，形成更加多元化的艺术形式。AI绘画技术的发展为艺术、设计、广告等领域提供了很多机遇，主要包括以下几个方面。

（1）自动化创作：AI绘画技术可以自动化创作，能够大大提高艺术创作的效率和速度，降低成本。图1-38所示为利用AI绘画技术创作的动物摄影作品。

图 1-38　利用 AI 绘画技术创作的动物摄影作品

（2）个性化创作：AI绘画技术可以根据不同用户的需求和偏好进行个性化的创作，能够满足用户的个性化需求，提高用户的满意度和体验。

（3）艺术品展示：AI绘画技术可以帮助艺术家将他们的作品更好地展示和推广，同时也能够为美术馆、博物馆等文化机构提供更加多样化和丰富的艺术品展示。

（4）产品设计：AI绘画技术可以为产品设计提供新的思路和灵感，能够更好地实现产品的个性化和差异化创新，提高产品的竞争力。

（5）娱乐产业：AI绘画技术可以为电影、游戏、动漫等娱乐产业提供更加逼真和高质量的场景和角色设计，能够提高作品的视觉效果和吸引力。

AI绘画的快速发展为艺术家、设计师、收藏家、博物馆等提供了前所未有的机遇。AI绘画不仅能够协助艺术家进行创作，提高创作的效率，同时也能够为普通人带来更加便捷、多样化的艺术品鉴体验。

另外，AI绘画还能够促进艺术市场的发展，推动艺术作品的传播和交流。这些机遇让人们看到AI绘画不仅是一项科技创新，更是一种具有深刻艺术内涵和文化价值的创作方式。

本章小结

本章主要向读者介绍了AI绘画的相关基础知识，帮助读者了解了AI绘画的定义、技术原理、应用场景、发展趋势、未来展望、挑战和机遇等内容。通过对本章的学习，希望读者能够更好地认识AI绘画。

课后习题

1. 请读者简述自己对AI绘画的定义的理解。
2. 除了书中介绍的AI绘画应用场景以外，还有哪些场景中应用了AI绘画？

第 2 章

平台工具: 用人工智能生成内容

使用各种人工智能平台能够生成不同类型的内容,包括文字、图像和视频等。用户可以根据自己需要的内容类型以及相关的主题或领域来选择合适的 AI 创作平台或工具,人工智能将会尽力为用户提供满意的结果。

2.1 10个全自动AI文案创作神器

人工智能在文案创作方面可以发挥出很大的作用，下面是一些典型应用。

（1）自动化生成文案：人工智能可以根据用户预设的参数和模板自动生成符合用户要求的文案，大大提高了创作效率和精准度。例如，用户可以用人工智能生成商品描述、广告语、邮件模板等。

（2）优化文案质量：人工智能可以通过自然语言处理技术对文案进行语法、逻辑、词汇等方面的分析和优化，使文案更加准确、流畅、吸引人。

（3）利用数据分析：人工智能可以根据用户行为数据和其他数据对文案进行分析和预测，提供更具有针对性的创意和建议。

需要注意的是，虽然人工智能在文案创作方面可以发挥出很大的作用，但并不是所有的文案都适合使用人工智能生成。在一些需要更高的情感和创造力的文案创作任务中，人工的角色仍然是必要的。本节主要介绍一些人工智能的创作平台，帮助大家快速创作出优质的文案内容。

2.1.1　ChatGPT，人工智能聊天机器人

ChatGPT是一种基于人工智能技术的聊天机器人，它使用了自然语言处理和深度学习等技术，可以进行自然语言的对话，回答用户提出的各种问题，如图2-1所示，并提供相关的信息和建议。

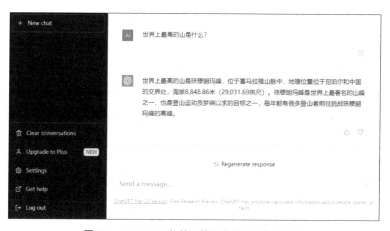

图 2-1　ChatGPT 能够回答用户提出的各种问题

ChatGPT的核心算法基于GPT（Generative Pre-trained Transformer，生成式预训练转换模型）模型，这是一种由人工智能研究公司OpenAI开发的深度学习模型，可

以生成自然语言的文本。

ChatGPT可以与用户进行多种形式的交互，例如文本聊天、语音识别、语音合成等。ChatGPT可以应用在多种场景中，例如客服、语音助手、教育、娱乐等领域，帮助用户解决问题，提供娱乐和知识服务。

2.1.2 文心一言，AI文学写作工具

文心一言平台是一个面向广大用户的文学写作工具，它提供了各种文学素材和写作指导，帮助用户更好地进行文学创作。图2-2所示为使用文心一言生成的作文。在文心一言平台上，用户可以利用人工智能技术生成与主题相关的文案，包括句子、段落、故事情节、人物形象描述等，帮助用户更好地理解主题和构思作品。

请帮我写一篇春天的作文

好的，以下是一篇关于春天的作文，供您参考：

春天来了，大地苏醒，万物复苏。这是一个充满生机和希望的季节，也是一个让人心情愉悦的季节。

春天是一个充满生机和希望的季节。随着天气的变暖和阳光的增多，大自然开始呈现出新的面貌。嫩绿的树叶和鲜花开始在枝头上生长，小鸟开始在枝头上歌唱。这一切都让人感到生命的力量和生命的美好。

春天也是一个让人心情愉悦的季节。在这个季节里，人们可以放下冬天的沉重和寒冷，感受到的希望和活力。春天是一个充满希望和期待的季节，人们可以看到新的机会和挑战，感受到新的可能性。

春天也是一个适合户外活动的季节。人们可以去公园、湖边、山上等地方，感受到新的空气和新的景色。在这个季节里，人们可以享受到大自然的美好和宁静，也可以结交新的朋友和伙伴。

总之，春天是一个充满生机和希望的季节，也是一个让人心情愉悦的季节。我们应该珍惜这个季节，感恩大自然的馈赠，并努力创造更美好的未来。

重新生成

图 2-2 使用文心一言生成的作文

此外，文心一言平台还提供了一些写作辅助工具，例如情感分析、词汇推荐、排名对比等，让用户可以更全面地了解自己的作品，并对其进行优化和改进。同时，文心一言平台还设置了创作交流社区，用户可以在这里与其他作家分享自己的作品，交流创作心得，获取反馈和建议。

总的来说，百度飞桨的文心一言平台为广大文学爱好者和写作者提供了一个非常有用的AI工具，帮助他们更好地进行文学创作。

2.1.3 通义千问，智能化的问答机制

通义千问平台是阿里云推出的一个超大规模的语言模型，具有多轮对话、文案创作、逻辑推理、多模态理解、多语言支持等功能。通义千问平台由阿里巴巴内部的知识管理团队创建和维护，包括大量的问答对话和相关的知识点。图2-3所示为使用通义千问写的文章。

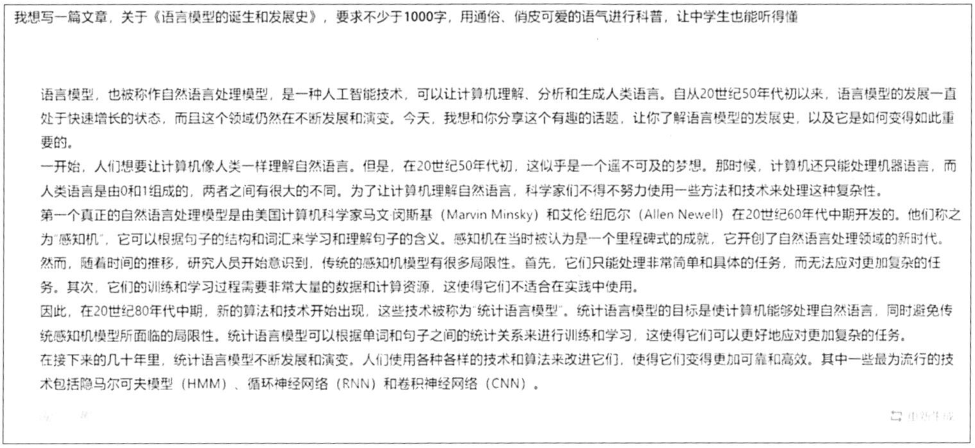

我想写一篇文章，关于《语言模型的诞生和发展史》，要求不少于1000字，用通俗、俏皮可爱的语气进行科普，让中学生也能听得懂

语言模型，也被称作自然语言处理模型，是一种人工智能技术，可以让计算机理解、分析和生成人类语言。自从20世纪50年代初以来，语言模型的发展一直处于快速增长的状态，而且这个领域仍然在不断发展和演变，今天，我想和你分享这个有趣的话题，让你了解语言模型的发展史，以及它是如何变得如此重要的。

一开始，人们想要让计算机像人类一样理解自然语言。但是，在20世纪50年代，这似乎是一个遥不可及的梦想。那时候，计算机还只能处理机器语言，而人类语言是由0和1组成的，两者之间有很大的不同。为了让计算机理解自然语言，科学家们不得不努力使用一些方法和技术来处理其复杂性。

第一个真正的自然语言处理模型是由美国计算机科学家马文·闵斯基（Marvin Minsky）和艾伦·纽厄尔（Allen Newell）在20世纪60年代中期开发的。他们称之为"感知机"，它可以根据句子的结构和词汇来学习和理解句子的含义。感知机在当时被认为是一个里程碑式的成就，它开创了自然语言处理领域的新时代。

然而，随着时间的推移，研究人员开始意识到，传统的感知机模型有很多局限性。首先，它们只能处理非常简单和具体的任务，而无法应对更复杂的任务。其次，它们的训练和学习过程需要非常大量的数据和计算资源，这使得它们不适合在实践中使用。

因此，在20世纪80年代中期，新的算法和技术开始出现，这些技术被称为 统计语言模型。统计语言模型的目标是使计算机能够处理自然语言，同时避免传统感知机模型所面临的局限性。统计语言模型可以根据单词和句子之间的统计关系来进行训练和学习，这使得它们可以更好地应对更复杂的任务。

在接下来的几十年里，统计语言模型不断发展和演变，人们使用各种各样的技术和算法来改进它们，使得它们变得更加可靠和高效。其中一些最为流行的技术包括隐马尔可夫模型（HMM）、循环神经网络（RNN）和卷积神经网络（CNN）。

图 2-3　使用通义千问写的文章

据悉，阿里巴巴的所有产品都将接入通义千问大模型，进行全面改造。通义千问支持自由对话，可以随时打断、切换话题，能根据用户需求和场景随时生成内容。同时，用户可以根据自己的行业知识和应用场景训练自己的专属大模型。

通义千问平台使用了人工智能技术和自然语言处理技术，使得用户可以使用自然语言进行问题的提问，同时系统能够根据问题的语义和上下文提供准确的答案和相关的知识点。这种智能化的问答机制不仅提高了用户的工作效率，还减少了一些重复性工作和人为误差。

总之，通义千问是一个专门响应人类指令的语言大模型，它可以理解和回答各种领域的问题，包括常见的、复杂的甚至是少见的问题。

2.1.4　智能写作，一站式的文章创作

百度大脑智能创作平台推出的智能写作工具是一个一站式的文章创作助手，它集合了全网热点资讯素材，并通过AI自动创作，一键生成爆款。同时，智能写作工具还有智能纠错、标题推荐、用词润色、文本标签、原创度识别等功能，可以帮助用户快速创作多领域的文章。

智能写作工具提供了全网14个行业分类、全国省/市/县三级地域数据服务，并通过热度趋势、关联词汇等多角度内容为用户提供思路和素材，有效提升创作效率。

打开智能写作工具，用户只需输入对应主题的关键词，选择符合需求的热点新闻后进入预览页，即可参考热点内容协助写作。另外，智能写作工具还可以对文章中的内容进行深度分析，包括提示字词、标点等错误，并给出正确的建议内容。图2-4所示为智能写作工具的"文本纠错"功能。

33

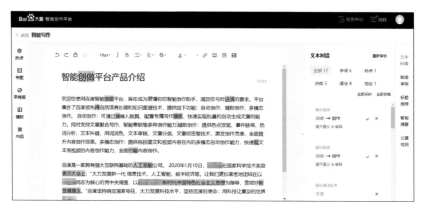

图 2-4　智能写作工具的"文本纠错"功能

2.1.5　悉语智能文案，一键生成营销文案

悉语智能文案是阿里妈妈创意中心出品的一款一键生成商品营销文案的工具。用户可以复制天猫或淘宝平台上的产品链接并添加到悉语智能文案工具中，单击"生成文案"按钮，该工具会自动生成产品的营销文案，包括场景文案、内容营销文案和商品属性文案等，如图2-5所示。

图 2-5　使用悉语智能文案平台生成的产品营销文案

2.1.6　弈写，用AI提升内容生产效率

弈写（全称为弈写AI辅助写作）通过AI辅助选题、AI辅助写作、AI话题梳理、AI辅助阅读和AI辅助组稿5大辅助手段有效帮助资讯创作者提升内容生产效率，并且拓展其创作的深度和广度。图2-6所示为使用弈写生成的文章内容。

图2-6　使用弈写生成的文章内容

2.1.7　Get智能写作，辅助用户高效办公

Get智能写作平台是一个运用人机协作的方式帮助用户快速完成大纲创建、内容（包含Word、图片、视频、PPT等一系列格式）生成的AI创作平台，从输入到输出辅助用户进行高效办公。

Get智能写作平台的主要功能如下。

（1）AI创作：AI一键生成提纲，智能填充优质内容，准确传达信息，可生成不同的主题、想法与段落，增强用户的创新性思维，并且可以节省大量的时间和精力，提高写作效率。

（2）灵感推荐：智能筛选各大媒体平台的内容并进行整合分析，通过算法推荐相关领域的优质文章与素材内容，为用户节省大量时间。

（3）AI配图：用户只需输入几个简单的文字描述即可通过AI自动生成想要的图片，并将其一键引入文章中，不仅可以节省大量寻找素材的时间，而且这种高质量的配图能够事半功倍地创作优质文章。

（4）创作模板：Get智能写作平台提供了海量的创作模板，涵盖娱乐、旅游、科技、干货等多个领域写作方向，如图2-7所示，而且还可以结合主题智能生成动态写作大纲，一键完成用户的写作需求，复刻优质内容，实现效率和效果的最大化。

（5）智能纠错：通过AI快速识别文章中的语病和错句，标注错误原因并提出修改意见。

图 2-7　Get 智能写作平台中的创作模板

（6）智能摘要：通过AI自动提炼文章中的核心要点，浓缩成文章摘要说明。

（7）智能检测：通过AI一键查重，判断文章的原创程度，识别出风险内容。

（8）智能改写：通过AI对文章内容做同义调整，实现写作表达的多样化需求。

2.1.8　Effidit，提高写作效率和创作体验

Effidit（Efficient and Intelligent Editing，高效智能编辑）是腾讯AI Lab（人工智能实验室）开发的一款创意辅助工具，可以提高用户的写作效率和创作体验。Effidit的功能包括智能纠错、短语补全、文本续写、句子补全、短语润色、例句推荐、论文检索、翻译等。图2-8所示为Effidit的文本续写功能示例。

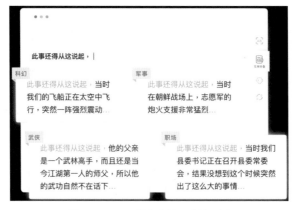

图 2-8　Effidit 的文本续写功能示例

2.1.9　彩云小梦，用人工智能续写小说

彩云小梦是一款可以自动续写小说的AI创作工具，用户只需要在工具中输入故事的开头，并设置好故事的背景，如图2-9所示，即可通过AI自动续写小说片段。彩云小梦内置了多种续写模型，包括标准、言情、玄幻等，用户可以自由切换模型，并根据偏好续写不同风格的内容。

图2-9　使用彩云小梦设置故事背景

2.1.10　秘塔写作猫，AI Native内容创作平台

秘塔写作猫是一个集AI写作、多人协作、文本校对、改写润色、自动配图等功能于一体的AI Native（人工智能原生）内容创作平台。图2-10所示为使用秘塔写作猫创作的文章内容。

图2-10　使用秘塔写作猫创作的文章内容

用户打开并登录秘塔写作猫的官网后，只需要输入想写的文章题目、内容提要等信息，即可由AI来生成和编辑具体的文案内容。另外，用户还可以设置将文案转化成相应的文体、形式。最后，秘塔写作猫可以将已经写好的文章导出为DOC、PDF、HTML等格式，以便于用户分享和存档。

2.2　10个AI绘画创作的平台和工具

如今，AI绘画平台和工具的种类非常多，用户可以根据自己的需求选择合适的平台和工具进行绘画创作。本节将介绍10个比较常见的AI绘画平台和工具。

2.2.1　Midjourney，AI已经不逊于人类画师了

Midjourney是一款基于人工智能技术的绘画工具，它能够帮助艺术家和设计师更快速、更高效地创建数字艺术作品。Midjourney提供了各种绘画工具和指令，用户只要输入相应的关键字和指令，就能通过AI算法生成相对应的图片，只需要不到一分钟的时间。图2-11所示为使用Midjourney绘制的作品。

图 2-11　使用 Midjourney 绘制的作品

Midjourney具有智能化绘图功能，能够智能化地推荐颜色、纹理、图案等元素，帮助用户轻松地创作出精美的绘画作品。同时，Midjourney可以用来快速创建各种有趣的视觉效果和艺术作品，极大地方便了用户的日常设计工作。

2.2.2　文心一格，AI艺术和创意辅助平台

　　文心一格是由百度飞桨推出的一个AI艺术和创意辅助平台，利用飞桨的深度学习技术帮助用户快速生成高质量的图像和艺术作品，提高创作效率和创意水平，特别适合需要频繁进行艺术创作的人群，例如艺术家、设计师和广告从业者等。图2-12所示为使用文心一格绘制的作品。

图 2-12　使用文心一格绘制的作品

　　文心一格平台可以实现以下功能。

　　（1）自动画像：用户可以上传一张图片，然后使用文心一格平台提供的自动画像功能将其转换为艺术风格的图片。文心一格平台支持多种艺术风格，例如二次元、漫画、插画和像素艺术等。

　　（2）智能生成：用户可以使用文心一格平台提供的智能生成功能生成各种类型的图像和艺术作品。文心一格平台使用深度学习技术，能够自动学习用户的创意（即关键词）和风格，生成相应的图像和艺术作品。

　　（3）优化创作：文心一格平台可以根据用户的创意和需求对已有的图像和艺术作品进行优化和改进。用户只需要输入自己的想法，文心一格平台就可以自动分析和优化相应的图像和艺术作品。

2.2.3　ERNIE-ViLG，步入AI应用的新阶段

　　ERNIE-ViLG是由百度文心大模型推出的一个AI作画平台，采用基于知识增强

算法的混合降噪专家建模，在MS-COCO（文本生成图像公开权威评测集）和人工盲评上均超越了Stable Diffusion、DALL-E 2等模型，并在语义可控性、图像清晰度、中国文化理解等方面展现出了显著优势。

ERNIE-ViLG通过视觉、语言等多源知识指引扩散模型学习，强化文图生成扩散模型对于语义的精确理解，以提升生成图像的可控性和语义的一致性。

同时，ERNIE-ViLG引入基于时间步的混合降噪专家模型来提升模型的建模能力，让模型在不同的生成阶段选择不同的降噪专家网络，从而实现更加细致的降噪任务建模，提升生成图像的质量。图2-13所示为ERNIE-ViLG生成的模型效果。

图 2-13　ERNIE-ViLG 生成的模型效果

另外，ERNIE-ViLG使用多模态的学习方法，融合了视觉和语言信息，可以根据用户提供的描述或问题生成符合要求的图像。同时，ERNIE-ViLG还采用了先进的生成对抗网络技术，可以生成具有高保真度和多样性的图像，并在多个视觉任务上取得了出色的表现。

2.2.4　AI文字作画，一句话让文字秒变画作

AI文字作画是由百度智能云智能创作平台推出的一个图片创作工具，能够基于用户输入的文本内容智能地生成不限风格的图像，如图2-14所示。通过AI文字作画工具，用户只需简单地输入一句话，AI就能根据语境给出不同的作品。

图 2-14 AI 文字作画生成的图像

2.2.5 Stable Diffusion，让绘画过程更加平滑和自然

Stable Diffusion是一个基于人工智能技术的绘画工具，支持一系列自定义功能，可以根据用户的需求调整颜色、笔触、图层等参数，从而帮助艺术家和设计师创建独特、高质量的艺术作品。与传统的绘画工具不同，Stable Diffusion可以自动控制颜色、线条和纹理的分布，从而创建出非常细腻、逼真的画作，如图2-15所示。

图 2-15 Stable Diffusion 生成的画作

2.2.6　DEEP DREAM GENERATOR，生成艺术风格图像

DEEP DREAM GENERATOR是一款使用人工智能技术来生成艺术风格图像的在线工具，它使用卷积神经网络算法生成图像，这种算法可以学习一些特定的图像特征，并利用这些特征创建新的图像，如图2-16所示。

图 2-16　DEEP DREAM GENERATOR 生成的图像

DEEP DREAM GENERATOR的使用方法非常简单，用户只需要上传一张图像，然后选择想要的艺术风格和生成的图像大小即可，接下来DEEP DREAM GENERATOR将使用卷积神经网络对用户的图像进行处理，并生成一张新的艺术风格图像。同时，用户还可以通过调整不同的参数来控制所生成图像的细节和外观。

DEEP DREAM GENERATOR可以生成各种类型的图像，包括抽象艺术、幻想风景、人像等。DEEP DREAM GENERATOR生成的图像可以下载到用户的计算机上，并在社交媒体上与其他人分享。需要注意的是，该工具生成的图像可能受到版权法的限制，因此用户应确保自己拥有上传的图像的版权或获得了授权。

2.2.7　artbreeder，创建出独特和个性化的AI画作

artbreeder允许用户使用人工智能生成的模型创建各种类型的图像效果，它使用了一种生成对抗网络的机器学习技术，能够根据用户输入的关键词和偏好来创建图像，如图2-17所示。

图 2-17 artbreeder 生成的图像

用户可以从基本图像开始，然后使用滑块调整各种特征，例如面部特征、背景和颜色等。当用户进行调整时，人工智能会根据关键词生成新的图像，从而帮助用户创建出独特和个性化的AI画作。

2.2.8 无界版图，数字版权在线拍卖平台

无界版图是一个数字版权在线拍卖平台，依托区块链技术在资产确权、拍卖方面的优势全面整合全球优质艺术资源，致力于为艺术家、创作者提供数字作品的版权登记、保护、使用与拍卖等一整套解决方案。图2-18所示为无界版图平台中的作品所有权拍卖示意图。

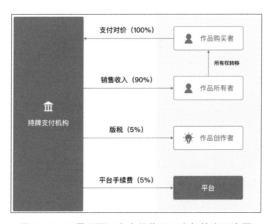

图 2-18 无界版图平台中的作品所有权拍卖示意图

同时，无界版图还有强大的"无界AI-AI创作"功能，用户选择二次元模型、通用模型或色彩模型，然后输入相应的画面描述词，并设置合适的画面大小和分辨率，即可生成画作。图2-19所示为无界版图的"无界AI-AI创作"功能。

图 2-19　无界版图的"无界 AI-AI 创作"功能

2.2.9　造梦日记，帮用户实现"梦中的画面"

造梦日记是一个基于AI算法生成高质量图片的平台，用户输入任何"梦中的画面"的描述词，比如一段文字描述（一个实物或一个场景）、一首诗、一句歌词等，该平台都可以帮用户成功"造梦"，其功能界面如图2-20所示。

图 2-20　造梦日记的功能界面

2.2.10　意间AI绘画，激发无限灵感创造新世界

意间AI绘画是一个全中文的AI绘画小程序，支持经典风格、动漫风格、写实风格、写意风格等绘画风格，如图2-21所示。使用意间AI绘画小程序不仅能够帮助用户节省创作时间，还能够帮助用户激发创作灵感，生成更多优质的AI画作。

图 2-21　意间 AI 绘画小程序的 AI 绘画功能

总之，意间AI绘画是一个非常实用的手机绘画小程序，它会根据用户的关键词、参考图、风格偏好创作精彩作品，让用户体验到手机AI绘画的便捷性。

2.3　10个AI视频创作的平台和工具

人工智能技术的飞速发展促进了AI视频生成器软件和AI视频编辑工具的爆炸式增长，人工智能可以根据用户提供的信息自动生成视频内容。本节将介绍10个常见的AI视频平台和工具。

2.3.1　剪映，图文成片功能让脚本自动生成视频

剪映具有强大的"图片成片"功能，用户可以自定义输入脚本或者复制头条文章的链接直接转化为视频，下面介绍具体的操作方法。

扫码看教学视频

步骤01 打开剪映，单击"图文成片"按钮，如图2-22所示。

图 2-22　单击"图文成片"按钮

步骤02 执行操作后弹出"图文成片"对话框，输入相应的标题和文字内容，单击"生成视频"按钮，如图2-23所示。

步骤03 执行操作后显示视频的生成进度，如图2-24所示。

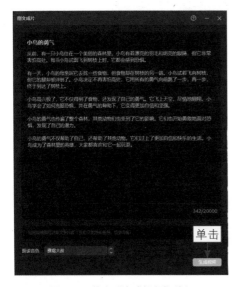

图 2-23　单击"生成视频"按钮

图 2-24　显示视频的生成进度

★ 专家提醒 ★

使用剪映的"图文成片"功能，用户仅需提供文案，无须自己寻找素材，即可生成带语音、字幕和画面的视频内容，给视频创作带来了很大的便利。

步骤 **04** 稍等片刻，即可查看图文视频效果，如图2-25所示，适当作出调整后将其导出即可。

图 2-25　查看图文视频效果

2.3.2　腾讯智影，集成强大的AI创作能力

腾讯智影是一个集素材搜集、视频剪辑、后期包装、渲染导出和发布于一体的在线剪辑平台，能够为用户提供端到端的一站式视频剪辑及制作服务。图2-26所示为腾讯智影的智能创作工具。

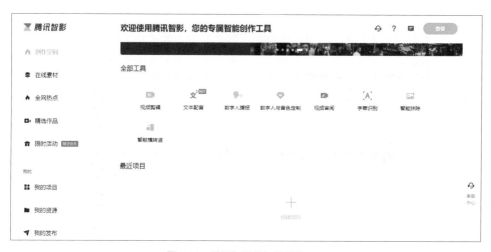

图 2-26　腾讯智影的智能创作工具

腾讯智影是一款集成了AI创作功能的智能创作工具，具有数字人播报、文本配音、字幕识别、文章转视频、智能抹除等AI创作功能。腾讯智影的数字人不仅形象高度逼真，而且在语音、语调、唇动等方面也非常真实，如图2-27所示。

图 2-27　腾讯智影的数字人

2.3.3　PICTORY，基于人工智能的视频生成器

PICTORY是一款基于人工智能的视频生成器，它可以帮助用户快速创建高质量的视频内容。PICTORY使用深度学习技术和计算机视觉技术，能够智能地分析和处理用户上传的图像和视频素材，并自动生成精美的视频效果，如图2-28所示。

图 2-28　PICTORY 生成的视频效果

用户可以在PICTORY中选择不同的视频模板和风格，包括宣传片、产品演示、社交媒体广告等，然后上传自己的图像和视频素材，PICTORY会自动为用户生成一个高质量的视频。用户还可以根据需要对生成的视频进行微调和编辑，例如添加文本、音乐、动画效果等，以使视频更加精美和更有吸引力。

总之，PICTORY是一个很棒的免费AI视频生成器，它可以帮助用户快速地创建高质量的视频内容，无论是个人还是企业用户都可以使用。

2.3.4 FlexClip，轻松制作高质量的视频内容

FlexClip是一个在线视频制作工具，它使用人工智能技术和模板库帮助用户轻松制作高质量的视频内容。

使用FlexClip，用户可以通过上传自己的视频、照片和音乐等素材来制作完整的视频效果，也可以使用其内置的素材库中的素材。FlexClip还提供了各种模板和场景，可以快速创建专业的视频，如图2-29所示。

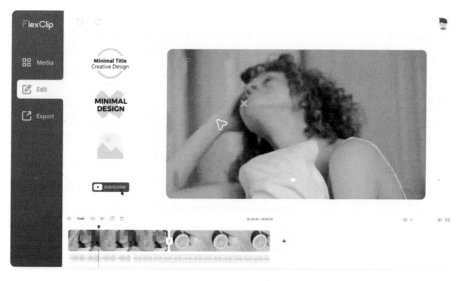

图 2-29　使用 FlexClip 的模板和场景创建专业的视频

FlexClip还支持添加文字、动画和转场效果，使用户的视频更具创意和吸引力。图2-30所示为使用FlexClip创作的商业视频画面。用户可以在不影响视频质量的情况下将视频输出为不同的分辨率和格式，以适应不同的需求。

同时，FlexClip使用基于云的视频解决方案，使用户能够在不同的设备上创建视频。用户在制作视频后，还可以通过链接轻松分享，或发布到社交媒体等网络平台上。

总之，FlexClip是一款易于使用且功能强大的视频制作工具，特别适合想要制作简单、高质量视频的个人用户和小型企业。

图 2-30　使用 FlexClip 创作的商业视频画面

2.3.5　elai，能够生成包含真人的AI视频

elai是一款利用人工智能技术创建和编辑视频的AI视频生成器，它可以通过深度学习技术自动识别和分析视频素材，创建带有AI画外音和"会说话的AI头像"的语音旁白视频，如图2-31所示。

图 2-31　"会说话的 AI 头像"的语音旁白视频

elai最大的特点是拥有大量的人工智能头像模板，同时用户还可以使用智能手机或网络摄像头创建自己的动画视频头像。elai已经成为许多企业和个人制作视频的首选工具，因为它可以大大减少视频制作的时间和成本。

2.3.6　invideo，快速创建专业品质的视频

invideo是一款出色的AI视频生成器，用户可以使用现成的模板简化视频创建的操作，即使用户以前从未做过视频，也可以快速自定义这些模板。用户可以按平台、行业或内容等类型来搜索模板，同时使用简单的拖放、替换等操作，将其作为自己的品牌自定义模板。

图2-32所示为使用invideo剪辑视频。使用invideo基于AI的文本到视频编辑器可以在几分钟内将用户的脚本、文章或博客转换为视频，而且还可以自动调整视频的大小，以适应任何平台的宽高比要求。

图 2-32　使用 invideo 剪辑视频

另外，invideo可以很方便地删除产品图片的背景，以使其突出显示产品主体，如图2-33所示。同时，invideo还可以添加各种库存媒体素材和音乐，以及应用品牌的颜色和字体。

图 2-33　使用 invideo 删除产品图片的背景

2.3.7 DESIGNS.AI，使用AI匹配完美的画面

DESIGNS.AI是一个创意AI视频创作平台，用户只需输入视频的标题、脚本和选择结束语，并单击右侧的 → 按钮，如图2-34所示。

图 2-34　单击相应按钮

接下来选择相应的行业、语言和画外音，即可查看生成的视频内容，如图2-35所示。DESIGNS.AI会根据脚本内容自动匹配视频画面和语音，同时用户还可以编辑和替换视频素材。

图 2-35　查看生成的视频内容

2.3.8　Fliki，从脚本或博客文章创建视频

Fliki能够将脚本或博客文章等文本内容变成带有AI语音的视频，其最大的特点是具有90多种语言的超现实声音模板，如图2-36所示，能够创造出栩栩如生的画外音。用户只需在Fliki中输入自己的想法并选择语言和音调，Fliki将自动完成整个视频的创建，包括脚本、画面和背景音乐。

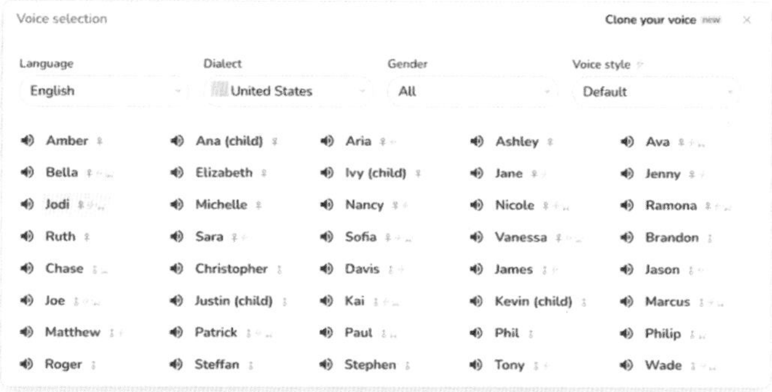

图 2-36　Fliki 的超现实声音模板

Fliki拥有数以百万计的图像、视频和背景音乐素材，用户可以选择合适的视觉效果来配合自己的视频场景。同时，Fliki会以用户想要的声音制作出带有品牌字幕的画外音视频，相关示例如图2-37所示。

图 2-37　Fliki 创作的画外音视频示例

2.3.9　Synthesys，生成逼真的虚拟视频人物

Synthesys是一款先进的AI视频生成器，它利用深度学习技术和自然语言处理技术，使用户能够创建高质量的自然语言语音合成视频，这些视频可以用于广告、

电子商务、教育和娱乐等多个领域。用户只需通过以下5个简单的步骤即可使用Synthesys创建AI视频。

（1）选择发言人：选择最适合自己的业务、品牌和故事的面孔（演员）。

（2）选择AI视频的声音：控制声音和音调的各个方面。

（3）添加脚本：将自己的脚本复制并粘贴（或输入）到Synthesys中。

（4）选择背景：从大量的Synthesys背景模板中进行选择，或上传自己的背景。

（5）创建视频：单击"创建"按钮即可生成视频，视频的渲染时间会因其长度而异。

使用Synthesys，用户可以选择不同的语音、语速和语调，可以选择不同的角色和场景来生成不同类型的视频，同时还可以生成栩栩如生的"真人发言人"，相关示例如图2-38所示。Synthesys支持多种语言，例如英语、西班牙语、法语、意大利语、德语等。

图 2-38　使用 Synthesys 创建的 AI 视频示例

Synthesys的主要优点是可以快速创建高质量的视频，而无须录制和编辑视频素材。另外，Synthesys还可以实现普通语音变成多种语音类型，例如男性、女性、儿童、老年人的语音等，有很高的灵活性和可扩展性。

2.3.10　VEED.IO，提高视频编辑的效率和质量

VEED.IO是一款功能强大的在线AI视频编辑器，它具有自动生成字幕、自动配乐、人像分割等功能，可以帮助用户快速剪辑、转换和修改视频内容，使视频编辑变得更加智能化和高效化。图2-39所示为VEED.IO的视频编辑器。

用户可以使用VEED.IO轻松地裁剪视频、调整视频的速度、添加滤镜和特效，同时还可以为视频添加字幕、水印和自定义标签等内容。VEED.IO还支持多种视频

格式和分辨率，并可以在云端进行编辑，无须用户下载任何软件。

图 2-39　VEED.IO 的视频编辑器

另外，VEED.IO还可以使用AI技术自动为视频添加音乐，并根据视频内容智能匹配合适的背景音乐。VEED.IO的人像分割功能可以自动将视频中的人物与背景分离，使用户更加轻松地为视频添加特效或更改背景等。

本章小结

本章主要向读者介绍了AI创作的相关平台和工具，例如ChatGPT、文心一言、通义千问、智能写作、悉语智能文案、奕写、Get智能写作、Effidit等AI文案工具，Midjourney、文心一格、ERNIE-ViLG、AI文字作画、Stable Diffusion等AI绘画工具，以及剪映、腾讯智影、PICTORY、FlexClip、elai等AI视频创作工具。通过对本章的学习，希望读者能够更好地选择和使用各种AI创作平台和工具。

课后习题

1. 使用文心一言写一篇关于人工智能技术的文章。
2. 使用剪映的"图文成片"功能制作一个历史故事的短视频。

文案代码： 有趣的智能交互体验

AI 文案代码创作是一种新兴的人工智能应用技术，它利用自然语言处理、机器学习和深度学习等技术自动化地生成高质量的文案内容，不仅能够为用户带来有趣的智能交互体验，而且为广告、营销、内容创作等领域提供了更快、更准确、更有效的创意表达方式。

3.1 有趣的AI互动玩法

大部分的AI文案代码创作平台都拥有强大的人机互动功能，并使用了先进的自然语言处理技术，使得人与AI的交互变得非常流畅、自然。本节主要以ChatGPT为例介绍一些有趣的AI互动玩法。

★ 专家提醒 ★

ChatGPT 可以通过学习与不同用户的交流来不断改进自己，提高自己的表现和回答质量。无论用户是想聊天、提问、玩游戏、学习知识还是撰写故事，ChatGPT 都可以成为用户的理想伙伴。

与 ChatGPT 互动不仅可以帮助用户扩展自己的知识和技能，还可以提高用户的思维能力和创造力，以及帮助用户更好地理解和应对各种挑战。

3.1.1 对话聊天

用户可以向ChatGPT发起对话，讨论自己感兴趣的话题或问题，并与ChatGPT进行互动。ChatGPT的对话聊天功能有很多用处，下面列举了一些具体作用。

（1）提供信息和答案：ChatGPT可以回答各种问题，涉及娱乐、科技、文化、健康等领域。用户可以在ChatGPT上获得关于特定主题的信息和答案，而无须进行烦琐的搜索。例如，在ChatGPT中输入"人工智能技术是什么"，ChatGPT的回答如图3-1所示。

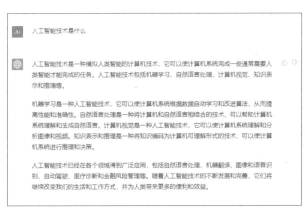

图 3-1 ChatGPT 关于人工智能定义的回答

（2）学习语言和文化：ChatGPT可以用不同的语言和文化进行交互，这可以帮助用户学习新的语言和文化，以及了解不同文化之间的差异和相似之处。

（3）心理健康：ChatGPT可以作为一种心理健康工具，用户可以与ChatGPT交流，讨论他们的情感和心理问题，相关对话示例如图3-2所示。虽然ChatGPT不能代替真正的治疗，但是它可以给用户提供一些帮助和支持。

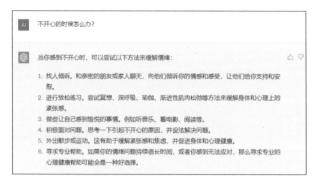

图 3-2　与 ChatGPT 讨论心理问题的对话示例

（4）娱乐：ChatGPT可以作为一种娱乐方式，与人工智能交互可以带来一些新奇的体验，用户可以与ChatGPT进行有趣的对话，包括问答、讲笑话和有趣的互动等，相关对话示例如图3-3所示。

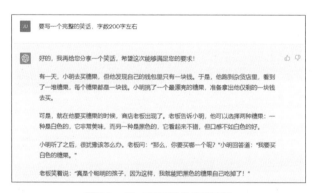

图 3-3　ChatGPT 讲的笑话示例

（5）商业和客户服务：ChatGPT可以用于商业和客户服务，企业可以使用ChatGPT与客户交流，回答常见问题或提供支持和帮助。ChatGPT还可以用于自动化客户服务，提高效率并节省人力成本。

（6）聊天语言游戏：用户可以使用一种不同于日常对话的语言挑战ChatGPT，看它是否能够理解你的意思，并作出正确的回答。

3.1.2　充当咨询顾问

ChatGPT作为一个大型的语言模型，可以为用户提供咨询服务，用户可以向它提出自己的问题或关注点，ChatGPT会为用户提供相关的信

扫码看教学视频

息和建议。当用户需要咨询顾问服务时，应尽量提供详细的问题描述和相关的背景信息，这样ChatGPT才能更好地理解用户的需求并给出有价值的建议，下面通过一个案例进行说明。

步骤01 提供背景，告诉ChatGPT"我是一名互联网产品经理"，ChatGPT告诉了我作为互联网产品经理的职责和成功的建议，如图3-4所示，这些其实对于了解产品经理的工作性质、技能要求都非常有帮助。

图3-4　作为互联网产品经理的职责和成功的建议

步骤02 表达需求，告诉ChatGPT我的业务需求"做一个面向大型企业的CRM（Customer Relationship Management，客户关系管理）系统"，ChatGPT的回答如图3-5所示。

图3-5　ChatGPT 关于业务需求的回答

★ 专 家 提 醒 ★

从图 3-5 中可以看到，ChatGPT 列出了 6 个要点，并且给出了开发过程中的建议，例如确定系统的功能需求、设计用户界面、集成其他系统、提供报告和分析、考虑培训和支持等内容，这些建议还是非常中肯的。同时，ChatGPT 还特别提到了要保障数据安全，这其实也是大型企业的 CRM 系统非常关注的点。

步骤 03 细节提问，问ChatGPT“怎么样设计我的产品功能来提高一线销售人员的工作效率”，这是CRM系统赋能销售的一个非常重要的业务诉求，ChatGPT的回答如图3-6所示。

JU 怎么样设计我的产品功能来提高一线销售人员的工作效率

提高销售人员的工作效率是一个关键问题，以下是一些可以帮助您设计产品功能以提高销售人员工作效率的建议：

1. 简化数据输入和更新：为销售人员提供一种简单易用的界面，让他们快速输入和更新客户数据和销售机会信息。您可以使用自动填充和下拉列表等功能，以减少数据输入的时间和错误。
2. 提供个性化销售流程：根据销售人员的需求和工作流程，为他们提供个性化的销售流程。这可以帮助他们更有效地管理客户、跟进销售机会和促成交易。
3. 自动化任务和提醒：为销售人员提供自动化任务和提醒功能，帮助他们及时跟进客户和销售机会。您可以使用邮件、短信或应用内通知等方式来提醒销售人员。
4. 提供实时数据分析：为销售人员提供实时的数据分析和报告功能，让他们随时了解销售表现和市场趋势。您可以使用图表和可视化数据来呈现这些信息，以帮助销售人员做出更好的决策。
5. 整合第三方工具：将CRM系统整合到其他销售工具中，例如电话系统、邮件客户端和社交媒体，以减少销售人员的重复工作和数据输入。
6. 提供移动端应用程序：为销售人员提供移动端应用程序，让他们能够在任何地方随时查看客户信息和销售机会，进行跟进和更新数据。
7. 为销售人员提供培训和支持：为销售人员提供培训和支持，让他们能够熟练掌握系统的使用和最佳实践。您可以提供在线培训、视频教程和在线帮助文档等资源来支持销售人员的学习。

通过提供上述功能和支持，您可以帮助销售人员更高效地管理客户和销售机会，提高他们的工作效率和成果。

图 3-6　ChatGPT 关于细节提问的回答

★ 专 家 提 醒 ★

从图 3-6 中可以看到，ChatGPT 提到的几个细节非常关键，只有让一线销售人员提高工作效率才能真正将 CRM 系统的价值落到实处。

步骤 04 产品架构设计，让ChatGPT帮忙设计一个CRM系统的产品架构，ChatGPT的设计方案如图3-7所示。

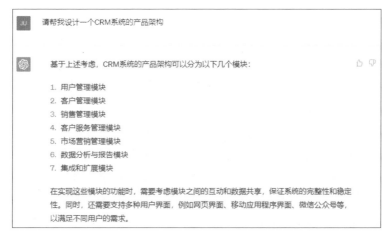

图 3-7　ChatGPT 关于 CRM 系统产品架构的设计方案

★ 专 家 提 醒 ★

　　需要注意的是，即使是相同的问题，ChatGPT 每次回答的内容也有可能不同，而且它的回答可能不是 100% 适用于用户描述的特定情况，因此只是一种参考意见，用户需要自行决定是否采纳它的建议，并承担因此产生的责任和风险。

3.1.3　制定计划

　　ChatGPT可以向用户提供一些关于制定计划的建议和指导，以帮助用户更好地规划和管理时间。例如，通过ChatGPT制定一个学习计划，描述语言为"做一个每周英语学习计划"，ChatGPT给出的计划内容如图3-8所示。

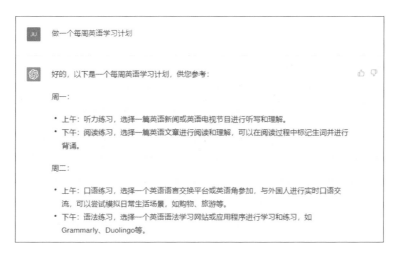

> 周三：
>
> • 上午：阅读练习，选择一本英文原版书籍进行阅读和理解，可以选择自己喜欢的类型，如小说、自传等。
> • 下午：单词练习，选择一个英语单词学习网站或应用程序进行学习和练习，如Quizlet、Memrise等。
>
> 周四：
>
> • 上午：写作练习，选择一个英语写作练习网站或应用程序进行学习和练习，如Write & Improve、Grammarly等，可以选择自己喜欢的题目进行写作。
> • 下午：语法练习，继续进行语法学习和练习。
>
> 周五：
>
> • 上午：听力练习，选择一个英语听力学习网站或应用程序进行学习和练习，如BBC Learning English、TED Talks等。
> • 下午：口语练习，继续进行口语学习和练习。

> 周六：
>
> • 上午：阅读练习，选择一份英文原版杂志或报纸进行阅读和理解，可以选择自己喜欢的类型，如时尚、体育等。
> • 下午：单词练习，继续进行单词学习和练习。
>
> 周日：
>
> • 上午：复习和总结，回顾一周的学习成果和收获，对学习过程进行总结和归纳，进行必要的复习。
> • 下午：休息和放松，可以进行一些自己喜欢的活动，如看电影、散步等。
>
> 以上是一个基本的每周英语学习计划，您可以根据自己的实际情况和学习需求进行适当调整和修改。同时，需要注意保持学习的连贯性和持续性，坚持每周学习计划，才能取得较好的学习效果。

图 3-8　ChatGPT 制定的学习计划的内容

★ 专 家 提 醒 ★

从图 3-8 中可以看到，ChatGPT 不仅给出了每天的计划内容，还将其分为了上午和下午，同时整体的计划流程是比较合理的。

3.1.4　制定方案

ChatGPT可以用于协助用户进行方案的制定，例如ChatGPT可以通过对话的方式帮助用户梳理思路、收集信息、探讨不同的方案选择，并生成相应的具体方案。同时，ChatGPT可以利用训练好的模型提供关于特定问题领域的背景信息和知识，从而帮助人们更好地理解问题和制定方案。

例如，在商业决策方面，ChatGPT可以帮助企业领导或分析师探讨不同的市场策略或产品方案，并提供相应的文本输出；在医疗诊断方面，ChatGPT可以帮助医生收集病历信息、进行初步的病情分析，从而为诊断和治疗提供参考。

这里使用ChatGPT做一个年会策划方案，描述语言为"做一个年会策划方案，包括主题、时间地点、聚会内容、人员分工、聚会流程等内容"，ChatGPT给出的方案内容如图3-9所示。

图 3-9　ChatGPT 制定的年会策划方案的内容

3.1.5　开发程序

用户可以使用Python编程语言和TensorFlow或PyTorch等深度学习框架加载预训

练好的ChatGPT模型，并使用模型进行自然语言处理任务。例如，在ChatGPT中输入"请用Python编程语言写一个小程序"，ChatGPT即可自动生成一个简单的Python程序，如图3-10所示。

图 3-10　ChatGPT 生成的 Python 程序

★ 专 家 提 醒 ★

Python 提供了高效的高级数据结构，还能简单、有效地面向对象编程。TensorFlow是一个基于数据流编程（Dataflow Programming）的符号数学系统。PyTorch 是一个开源的 Python 机器学习库，用于自然语言处理等应用程序。

在使用ChatGPT开发程序之前，用户需要具备一定的编程知识和深度学习技术基础，以及对自然语言处理技术领域的了解和熟悉。同时，用户还需要收集并处理大量的自然语言数据，以构建和训练ChatGPT模型。这需要耗费大量的时间和数据资源，因此建议用户做好充分的准备，并根据具体需求选择相应的开发工具和框架。

3.1.6　语音助手

利用ChatGPT模型实现自然语言识别和语义理解，将用户的语音指令转换为可执行的操作，比如打开某个应用程序、查询天气、播放音乐等。例如，用户可以将ChatGPT接入Siri中，让自己可以与ChatGPT进行语音对话，如图3-11所示，同时让手机的语音助手的智商提升一个档位。

图 3-11　将 ChatGPT 接入 Siri 中

3.1.7　创作音乐

ChatGPT能够给歌曲创作歌词，用户只需输入相应的标题或者主题即可完成歌词的创作。例如，在ChatGPT中输入"为一首名为春天的歌曲写歌词"，ChatGPT即可自动生成歌词的内容，如图3-12所示。

图 3-12　ChatGPT 生成的歌词的内容

另外，用户可以输入音乐的风格、使用的乐器和节奏等信息，使用ChatGPT生成音乐的旋律与和弦。图3-13所示为使用ChatGPT生成的旋律，描述语言为"在五声音阶中用abc记谱法写个旋律"，经过追加信息后ChatGPT还给出了具体的说明。

图 3-13　使用 ChatGPT 生成的旋律

3.1.8　智力游戏

用户可以跟ChatGPT一起玩一些智力小游戏，例如成语接龙游戏、猜词游戏、字谜游戏、双关语游戏等，这将有助于用户锻炼自己的思维能力和解决问题的能力。

（1）成语接龙游戏：用户与ChatGPT可以通过接龙的方式依次说出一个成语，规则为下一个成语的字头要接上一个成语的字尾。例如，在ChatGPT中输入"玩一个成语接龙游戏"，即可跟ChatGPT一起玩成语接龙游戏，如图3-14所示。

图 3-14　跟 ChatGPT 一起玩成语接龙游戏

（2）猜词游戏：ChatGPT可以给用户一个谜面或描述，让用户来猜这是什么词语。在ChatGPT中输入"玩猜词游戏"，即可开始玩猜词游戏，如图3-15所示。

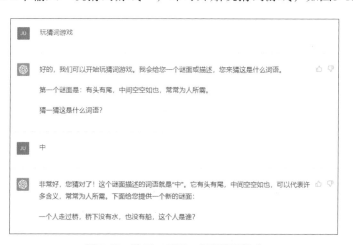

图 3-15　跟 ChatGPT 一起玩猜词游戏

（3）字谜游戏：ChatGPT给出一串字母或者汉字，用户来猜这是什么成语或者词语。

（4）双关语游戏：ChatGPT给出一个句子或者描述，其中有一个词有多重意思，用户需要猜出它的两个意思。

3.2 神奇的AI文案代码创作功能

ChatGPT具有生成和理解自然语言的功能，能够为用户提供各种应用场景下的语言交流和信息生成服务，可以帮助用户生成文案代码、回答问题、进行对话等，节省人工编写的时间和成本。

3.2.1 编写短视频脚本

使用ChatGPT编写短视频脚本是一种非常高效的方式，能够帮助用户提高视频制作的效率和质量。用户只需给出相应的主题和关键点，即可通过ChatGPT来编写短视频脚本。例如，在ChatGPT中输入"写一个'火锅探店'的短视频脚本"，ChatGPT即可生成完整的脚本内容，包括画外音（Voiceover）、镜头切换到（Cut to）、开场白（Opening shot）和结束语（Closing shot）等，如图3-16所示。

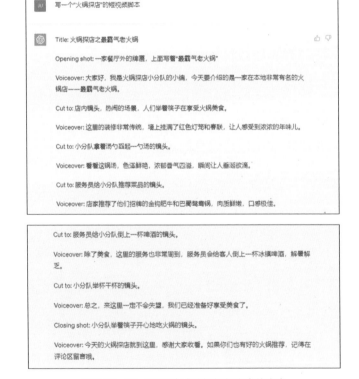

图 3-16　ChatGPT 生成的短视频脚本的内容

当然，如果用户要生成详细的短视频脚本，可以添加一些描述词，例如片段、分镜、台词、景别、运镜、背景音乐、音效、后期剪辑等。在ChatGPT中输入"写一个日常Vlog的短视频脚本，包括片段、分镜、台词等内容"，ChatGPT即可生成完整的脚本内容，如图3-17所示。

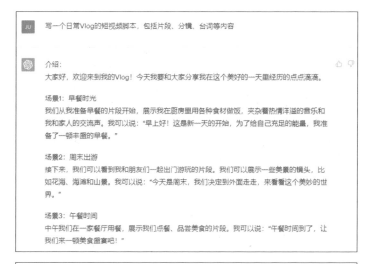

图 3-17 添加描述词后生成的短视频脚本的内容

ChatGPT可以在短视频脚本创作方面发挥重要作用，它可以为用户创作视频提供创意和灵感，并帮助他们构思视频的脚本和台词等内容。

• 在创意和灵感方面，ChatGPT可以通过分析和理解不同的主题和概念为用户提供新的想法和角度，从而帮助他们创建更有吸引力的视频内容。

• 在脚本构思方面，ChatGPT可以帮助用户制定清晰的情节线和结构框架，并提供详细的分镜和场景设定，帮助用户更好地表现故事情节和角色发展。

• 在台词构思方面，ChatGPT可以为用户提供有趣、生动、引人入胜的台词，使视频更加有趣和具有情感共鸣。

3.2.2 编写销售文案

ChatGPT可以理解销售人员输入的问题，并模拟人类对话的方式，为销售人员提供丰富的文案和应对策略，使得销售过程更加流畅和有效。

例如，在ChatGPT中输入"写一篇关于童装产品的销售文案，字数为200字左右"，ChatGPT即可生成对应的销售文案，如图3-18所示。

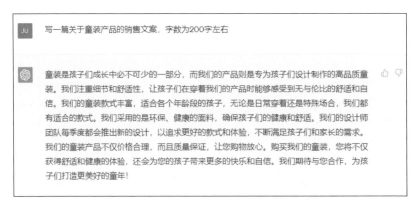

图 3-18　ChatGPT 生成的童装产品销售文案

在销售文案的创作方面，ChatGPT可以为销售人员提供各种场景和情况下的应对方案和技巧，从而使他们能够更好地与潜在客户沟通和交流。

在销售过程中，ChatGPT可以作为一个虚拟的销售助手，为销售人员提供快速、准确的答案和解决方案，从而帮助他们更好地解决客户的问题，打消客户的疑虑，促进交易的完成。例如，在ChatGPT中输入"女鞋店的营业员如何快速让顾客下单，具体的对话场景"，ChatGPT即可生成具体的对话场景，如图3-19所示。

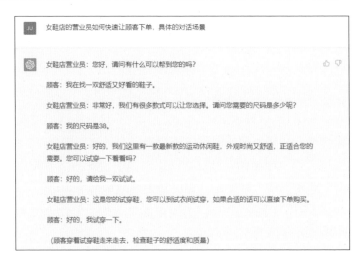

顾客：这双鞋子真的非常舒适，我很喜欢。我想买一双，怎么下单呢？

女鞋店营业员：非常简单，您可以选择微信、支付宝或者银联卡付款，我们会为您安排快递送货上门。您需要提供收货地址和联系电话，以便我们能够及时为您服务。

顾客：好的，我用微信付款，这是我的收货地址和联系电话。

女鞋店营业员：好的，我们已经收到您的订单信息，感谢您的购买。我们会在第一时间为您安排发货，您预计在2-3个工作日内就能收到您的鞋子。

顾客：非常感谢，我期待着收到我的鞋子。

女鞋店营业员：不客气，谢谢您的光临。如果您有任何其他需要，随时可以联系我们，我们会全力为您服务。

图 3-19　ChatGPT 生成销售产品的对话场景

总之，ChatGPT可以作为一个智能化的销售助手，为销售人员提供多方面的帮助和指导，从而提升产品销量和客户满意度，为企业的发展带来更多的机会和价值。

★ 专家提醒 ★

需要注意的是，ChatGPT 生成的销售文案内容可能存在误差或不符要求的情况，需要适当进行人工修改和完善。

3.2.3　编写品牌宣传文案

ChatGPT可以帮助营销人员快速编写各种品牌宣传文案，无论是品牌名称、品牌口号、广告标语、产品介绍还是品牌故事，都可以得到高质量的创作。

在品牌宣传文案的创作中，ChatGPT可以利用其强大的自然语言处理能力，根据品牌的特点、定位和目标受众，快速生成独特而富有吸引力的文案内容。同时，ChatGPT还可以根据品牌的营销需求为文案添加适当的情感元素，增强文案的感染力和亲和力。

例如，在ChatGPT中输入"Serendipity是一个时尚女装品牌，请写一段对年轻女性富有吸引力的品牌宣传文案"，ChatGPT即可生成具体的品牌宣传文案，如图3-20所示。

此外，ChatGPT还可以结合数据分析和市场调研等手段为品牌宣传文案的创作提供更多的信息和依据。通过对品牌所处市场和目标受众的深入分析，ChatGPT可以创作出更加符合市场需求和消费者心理的宣传文案，帮助品牌实现更好的营销效果和更高的商业价值。

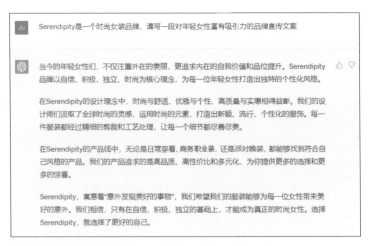

图 3-20　ChatGPT 生成的品牌宣传文案

例如，在ChatGPT中输入"写一段月饼品牌的宣传文案，包括市场销售数据等信息，并加入消费者的心理感受"，ChatGPT即可生成带有数据和情感的品牌宣传文案，这样可以增强文案的说服力，如图3-21所示。

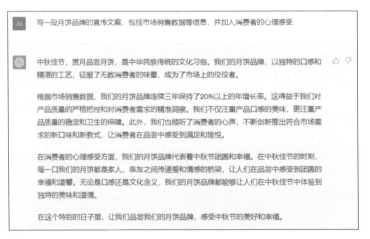

图 3-21　生成带有数据和情感的品牌宣传文案

3.2.4　生成评论文案

如果用户需要生成关于电影、图书、音乐等作品的评论文案，ChatGPT可以为用户提供高质量、丰富多彩的精彩文案内容，满足用户的创作需求。例如，在ChatGPT中输入"请写一篇关于《泰坦尼克号》的影评，要有主题，字数500字左右"，ChatGPT即可生成带有主题的影评文案，如图3-22所示。

JU　请写一篇关于《泰坦尼克号》的影评，要有主题，字数500字左右

《泰坦尼克号》是一部经典的爱情电影，它以豪华的场景、高品质的制作和感人至深的情节，吸引了全世界亿万观众的眼球。这部电影的主题是关于爱情、生命和梦想。在整个故事中，导演詹姆斯·卡梅隆通过一对年轻的男女的爱情故事，反映了人生的价值和意义。

影片的主人公是一个叫做杰克的穷画家和一个名叫罗丝的贵族少女。他们在豪华的泰坦尼克号上相遇，并开始了一段缘分。在海上的旅程中，他们经历了许多困难和危险，但是他们的爱情却变得越来越深刻。然而，当泰坦尼克号遭遇撞击后，杰克和罗丝的爱情故事也走向了悲剧结局。但是，这部电影并没有给人留下悲伤和绝望的感觉，而是通过一种特殊的方式，表达了人生的意义和价值。

影片的主题之一是关于爱情。在影片中，杰克和罗丝的爱情深情而浪漫，他们相互扶持，在危难时刻互相鼓励，展现了爱情的真谛和力量。另一个主题是关于生命。影片表达了生命的脆弱和珍贵，即使在最困难的时刻，人们也必须保持勇气和希望。最后，影片还表达了梦想的重要性。杰克和罗丝都有自己的梦想，他们相信自己的梦想可以实现，并为此而奋斗。

总的来说，《泰坦尼克号》是一部情节丰富、感人至深的影片。导演卡梅隆成功地将一段爱情故事与历史背景融为一体，让观众感受到爱情、生命和梦想的真正意义。这部电影不仅在票房上取得了巨大的成功，更在文化上成为了一部经典之作，留下了深远的影响。

图 3-22　ChatGPT 生成的影评文案

再例如，在ChatGPT中输入“请写一篇关于《三国演义》的书评，字数300字左右”，ChatGPT即可生成对应的书评文案，如图3-23所示。

JU　请写一篇关于《三国演义》的书评，字数300字左右

《三国演义》是中国文学史上的经典之作，是一部以三国时期为背景的长篇小说。小说讲述了三国时期的历史事件，描绘了各种英雄人物的传奇故事，是一部充满想象力和史诗气息的作品。

本书具有丰富的历史背景和情节，塑造了许多英雄人物形象，如诸葛亮、关羽、张飞、曹操等， 这些人物形象极具特色和鲜明性格，读者会对他们产生深刻的印象。 故事情节也非常丰富，充满悬念和惊险刺激的场面，引人入胜，读者会沉浸在故事中，体验其中的情感和感觉。

小说的语言具有较高的艺术性和史诗感。作者通过巧妙的描写和抒发，让读者感受到了历史时代的变迁和人物命运的转折。同时，小说还融入了一些哲学和文化思想，例如关于忠诚、义气、道德等方面的讨论，让读者对于这些重要的价值观念有更深层次的理解。

总的来说，《三国演义》是一部值得一读的经典之作，它的故事情节丰富，人物形象鲜明，语言艺术性高，同时还包含了一些哲学和文化思想。这本书对于中国文学史以及中国文化史都有重要的意义，不仅对于中国读者具有吸引力，也受到了世界范围内读者的欢迎。无论是从文学、历史还是文化方面来看，这本书都值得推荐给读者。

图 3-23　ChatGPT 生成的书评文案

3.2.5　撰写论文

ChatGPT可以为用户提供一些论文写作方面的建议和帮助，快速地生成大量高质量的论文，大大提高了创作效率。例如，在ChatGPT中输入“写一篇论文，题目

为'风电场和风力发电'，要有标题、摘要、关键词、论文正文（正文标题、注释、参考文献、谢词）"，ChatGPT即可生成对应的论文内容，如图3-24所示。

> JU 写一篇论文，题目为"风电场和风力发电"，要有标题、摘要、关键词、论文正文（正文标题、注释、参考文献、谢辞）
>
> ⑤ 题目：风电场和风力发电 👍 👎
>
> 摘要：
>
> 随着全球能源需求的不断增加和对可再生能源的需求的日益增强，风能作为一种清洁、可再生的能源，正成为越来越多国家和地区的能源开发方向。本文将探讨风电场和风力发电的基本概念、发展现状、技术特点、经济性分析等方面，旨在为读者提供全面的了解和参考。
>
> 关键词：风电场、风力发电、可再生能源、技术特点、经济性分析
>
> 一、风电场的概念与发展现状
>
> 1.1 风电场的概念与分类
>
> 1.2 风电场的发展现状
>
> 二、风力发电的技术特点与发展趋势
>
> 2.1 风力发电的技术特点
>
> 2.2 风力发电的发展趋势

> 三、风电场的经济性评价指标和经济性分析
>
> 3.1 风电场的经济性评价指标
>
> 3.2 风电场的经济性分析
>
> 注释：
>
> 本文主要介绍了风电场和风力发电的基本概念、发展现状、技术特点、经济性分析等方面。其中，我们详细介绍了风电场的概念和分类、风力发电的技术特点和发展趋势，以及风电场的经济性评价指标和分析方法。通过对风电场和风力发电的研究，我们可以得出以下结论：
>
> 首先，风电场是指由多台风力发电机组成的发电系统，目前主要分为陆上风电场和海上风电场两种类型。陆上风电场发展较早，但受到空间限制和环境污染等问题的限制，海上风电场正在逐渐成为发展趋势。
>
> 其次，风力发电技术具有清洁、可再生、环保等优点，但也存在着受风速和气象条件影响大、风力发电机的噪声污染、制造成本高等问题。为了克服这些问题，我们需要加强技术研发，提高风力发电机的效率和稳定性。
>
> 最后，从经济性角度来看，风电场的建设需要考虑投资成本、运营成本、发电量等因素，而经济性评价指标包括投资回收期、净现值、内部收益

图 3-24　ChatGPT 生成的论文的部分内容

由于ChatGPT每次生成的内容有字数限制，所以没写完就会断掉，此时用户可以输入"继续写"，ChatGPT会接着上文继续往下写，如图3-25所示。

图 3-25　ChatGPT 继续生成论文内容

从图3-24和图3-25中可以看到，虽然ChatGPT写的这篇论文比较简短，但整篇论文结构清晰、内容丰富、逻辑性强，同时语言表达准确、简明，使读者对风电场和风力发电的技术和应用有更深入的理解，能够满足用户的基本要求。

3.2.6　故事或小说创作

用户可以与ChatGPT一起创作故事或小说，并在此过程中锻炼自己的想象力和创造力。ChatGPT可以为用户提供建议和提示，使故事或小说的内容变得更生动。例如，在ChatGPT中输入"写一个悬疑推理故事，模仿着柯南·道尔的风格，字数为800字左右"，ChatGPT即可生成对应的故事内容，如图3-26所示。

图 3-26

图 3-26   ChatGPT 生成的故事内容

从图3-26中可以看到，ChatGPT在开篇处只用了寥寥几句就将悬疑故事的气氛渲染到位，而且整体条理清晰、文笔自然流畅。不过，由于文章篇幅有限，推理细节较为简单，甚至情节上还串到了前面的"风电场和风力发电"论文内容。

总的来说，在故事或小说创作方面，ChatGPT和人类作家相比还是显得有些不足。其实，用户可以考虑把ChatGPT当成一个辅助工具，在其生成的内容的基础上去进行润色和修改，写出更加优质的故事或小说作品。

3.2.7 编写标题文案

ChatGPT可以帮助用户高效地编写各种类型的标题文案，无论是文章标题、商品标题、短视频标题、直播标题还是其他形式的标题文案，ChatGPT都可以提供一些有用的建议和提示，从而帮助用户提高标题文案的质量和引流效果。

例如，在ChatGPT中输入"写几个淘宝商品的标题文案，商品为防晒帽，字数为30个汉字"，ChatGPT即可生成对应的标题文案，如图3-27所示。

图 3-27   ChatGPT 生成的商品标题文案

再例如，在ChatGPT中输入"写两个与元宇宙相关的文章标题，字数为64个字以内"，ChatGPT即可生成对应的标题文案，如图3-28所示。

图 3-28　ChatGPT 生成的文章标题文案

3.2.8　编写自媒体文章

ChatGPT的文案创作功能可以在自媒体行业中发挥重要的作用，自媒体的发展需要大量的原创内容，而ChatGPT可以在短时间内创作高质量的文章，满足自媒体创作者的需求。例如，在ChatGPT中输入"写一篇关于股票投资技巧的知识类文章，字数为500字左右"，ChatGPT即可生成对应的文章内容，如图3-29所示。

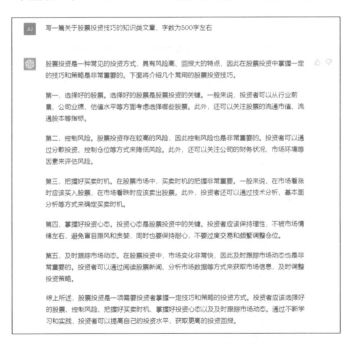

图 3-29　ChatGPT 生成的文章内容

另外，ChatGPT还可以根据读者的兴趣和需求定制个性化的内容，提升读者的阅读体验。在自媒体竞争日益激烈的今天，ChatGPT的使用可以提高自媒体创作者的效率和生产力，帮助他们赢得更多的粉丝和变现机会。

3.2.9 生成AI绘画代码

ChatGPT可以快速生成AI绘画的代码和关键词，从而激发用户的创意灵感，创作出更加优质的AI绘画作品。例如，在ChatGPT中输入"帮我形容下女侠的相貌特点，200字以内"，ChatGPT即可生成对应的关键词，如图3-30所示。

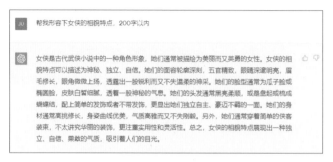

图 3-30　ChatGPT 生成的关键词

接下来将这些关键词输入AI绘画工具中，即可得到如图3-31所示的绘画结果。由此可见，ChatGPT生成的关键词是足以可多用的。

图 3-31　通过 ChatGPT 给的关键词生成的 AI 绘画作品

本章小结

　　本章主要向读者介绍了AI的文字互动玩法和创作文案代码的相关知识，例如对话聊天、充当咨询顾问、制定计划、制定方案、开发程序、创作音乐、编写短视频脚本、编写销售文案、编写品牌宣传文案、生成评论文案、撰写论文、生成AI绘画代码等。通过对本章的学习，希望读者能够对ChatGPT的AI文案代码的用法有更好的了解。

课后习题

　　1. 使用ChatGPT制定一个关于产品销售的月计划。

　　2. 使用ChatGPT写一篇影评文章，字数为1000字左右。

多元文案：ChatGPT 的应用与优化

第 3 章以 ChatGPT 为例，介绍了它的一些应用场景，那么 ChatGPT 究竟应该怎么用呢？本章将介绍 ChatGPT 的一些基本用法，以及利用 ChatGPT 生成短视频脚本的操作方法，帮助大家掌握 ChatGPT 的应用与优化技巧。

4.1　认识并注册ChatGPT

ChatGPT是一种基于人工智能技术的自然语言处理系统，它可以模仿人类的语言行为，实现人机之间的自然语言交互。ChatGPT可被用于智能客服、虚拟助手、自动问答系统等场景，提供自然、高效的人机交互体验。本节将介绍ChatGPT的相关知识和注册技巧。

4.1.1　ChatGPT的历史与发展

ChatGPT的历史可以追溯到2018年，当时OpenAI公司发布了第一个基于GPT-1架构的语言模型。在接下来的几年中，OpenAI不断改进和升级这个系统，推出了GPT-2、GPT-3、GPT-3.5、GPT-4等版本，使得它的处理能力和语言生成质量都得到了大幅提升。

ChatGPT的发展离不开深度学习和自然语言处理技术的不断进步，这些技术的发展使得机器可以更好地理解人类语言，并且能够进行更加精准和智能的回复。同时，大规模的数据集和强大的计算能力也是推动ChatGPT发展的重要因素。在不断积累和学习人类语言数据的基础上，ChatGPT的语言生成和对话能力越来越强大，能够实现更加自然、流畅和有意义的交互。

ChatGPT为人类提供了一种全新的交流方式，能够通过自然的语言交互来实现更加高效、便捷的人机交互。未来，随着技术的不断进步和应用场景的不断扩展，ChatGPT的发展将会更加迅速，带来更多行业创新和应用价值。

4.1.2　自然语言处理的发展史

ChatGPT采用深度学习技术，通过学习和处理大量的语言数据具备了理解和生成自然语言的能力。自然语言处理（Natural Language Processing，NLP）是计算机科学与人工智能交叉的一个领域，它致力于研究计算机如何理解、处理和生成自然语言，是人工智能领域的一个重要分支。自然语言处理的发展史可以分为以下几个阶段。

1. 规则化方法（1950—1970年）

早期的自然语言处理研究主要采用基于规则的方法，即将语言知识以人工方式编码成一系列规则，并利用计算机程序对文本进行分析和理解。不过，由于自然语言具有复杂性、模糊性、歧义性等特点，所以规则化方法在实际应用中存在一定的局限性。

2. 统计学习方法（1970—2000年）

随着计算机存储空间的不断增大和处理能力的不断提高，自然语言处理开始采用统计学习方法，即通过学习大量的语言数据来自动推断语言规律，从而提高理解和生成文本的准确性，这种方法在机器翻译、语音识别等领域得到了广泛应用。

3. 深度学习方法（2000年至今）

随着深度学习技术的不断发展，自然语言处理开始采用神经网络等深度学习方法，通过多层次的神经网络来提取文本的语义和结构信息，从而让理解和生成文本变得更加高效、准确。其中，基于Transformer的语言模型（例如GPT-3）已经实现了人机交互的自然语言处理。

★ 专 家 提 醒 ★

Transformer是一种用于自然语言处理的神经网络模型，它使用了自注意力机制（Self-Attention Mechanism）对输入的序列进行编码和解码，从而理解和生成自然语言文本。

总的来说，自然语言处理的发展经历了规则化方法、统计学习方法和深度学习方法3个阶段，每个阶段都有其特点和局限性，未来随着技术的不断进步和应用场景的不断拓展，自然语言处理将会迎来更加广阔的发展前景。

4.1.3　ChatGPT的产品模式

ChatGPT是一种语言模型，它的产品模式主要是提供生成和理解自然语言的服务。ChatGPT的产品模式包括以下两个方面。

（1）API接口服务：ChatGPT可以提供API接口服务，供开发者或企业集成到自己的产品或服务中，实现智能客服、聊天机器人、文本摘要等功能。

★ 专 家 提 醒 ★

API（Application Programming Interface，应用程序编程接口）接口服务是一种给其他应用程序提供访问和使用的软件接口。在人工智能领域中，开发者或企业可以通过API接口服务将自然语言处理或计算机视觉等技术集成到自己的产品或服务中，以提供更智能的功能和服务。

（2）自研产品：ChatGPT可以作为自研产品，用于智能客服、聊天机器人、语音识别、文本摘要、文章生成、翻译等多种应用场景，以满足用户对智能交互的需求。

无论是提供API接口服务还是自研产品，ChatGPT都需要在数据预处理、模型训练、服务部署、性能优化等方面进行不断优化，以提供更高效、更准确、更智能的服务，从而赢得用户的信任和认可。

4.1.4　ChatGPT的主要功能

ChatGPT的主要功能是处理和生成自然语言，包括文本的自动摘要、文本分类、对话生成、文本翻译、语音识别、语音合成等方面。ChatGPT可以接受输入的文本、语音等形式，然后对其进行语言理解、分析和处理，最终生成相应的输出结果。

用户可以在ChatGPT中输入需要翻译的文本，例如"Can you help me translate this sentence into Spanish？（你能帮我把这个句子翻译成西班牙语吗？）"，ChatGPT将自动检测用户输入的源语言，并翻译成用户所选择的目标语言，如图4-1所示。

图 4-1　ChatGPT 的文本翻译功能

ChatGPT主要基于深度学习和自然语言处理等技术来实现这些功能，它采用了类似于神经网络的模型进行训练和推理，模拟人类的语言处理和生成能力，可以处理大规模的自然语言数据，生成质量高、连贯性强的语言模型，具有广泛的应用前景。

除了以上提到的常见功能以外，ChatGPT还可以应用于自动信息检索、推荐系统、智能客服等领域，为各种应用场景提供更加智能、高效的语言处理和生成能力。

4.1.5　注册与登录ChatGPT

如果要使用ChatGPT，首先需要注册一个OpenAI账号，OpenAI账号的注册有着严格的网络要求，推荐使用Gmail邮箱注册，邮箱注册后，只能使用国外的手机号码进行验证。需要注意的是，注册OpenAI账号和使用ChatGPT都需要在国外的网络环境下进行。

扫码看教学视频

下面简单介绍一下ChatGPT的注册与登录方法。

步骤 01 打开OpenAI官网，单击页面下方的Learn about GPT-4（了解GPT-4）按钮，如图4-2所示。

图 4-2　单击 Learn about GPT-4 按钮

步骤 02 执行操作后，在打开的新页面中单击Try on ChatGPT Plus（试用ChatGPT Plus）按钮，如图4-3所示。

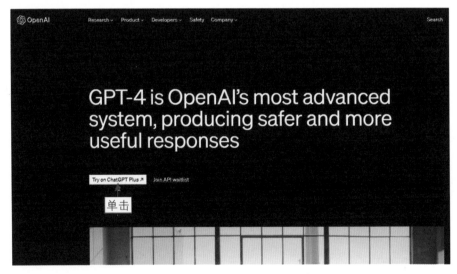

图 4-3　单击 Try on ChatGPT Plus 按钮

步骤 03 执行操作后，在打开的新页面中单击白色的方框，进行真人验证，如图4-4所示。

步骤 **04** 执行操作后，进入ChatGPT的登录页面，单击Sign up（注册）按钮，如图4-5所示。注意，对于已经注册了账号的用户，直接在此处单击Log in（登录）按钮，输入相应的邮箱地址和密码，即可登录ChatGPT。

图 4-4　单击白色的方框

图 4-5　单击 Sign up 按钮

步骤 **05** 执行操作后，进入Create your account（创建您的账户）页面，输入相应的邮箱地址，如图4-6所示，也可以直接使用微软或谷歌账号进行登录。

步骤 **06** 单击Continue（继续）按钮，在打开的新页面中输入相应的密码（至少8个字符），如图4-7所示。

图 4-6　输入相应的邮箱地址

图 4-7　输入相应的密码

步骤 **07** 单击Continue（继续）按钮，邮箱通过后，系统会提示用户输入姓名和进行手机验证，按照要求进行设置即可完成注册，然后就可以使用ChatGPT了。

4.2　ChatGPT的使用与优化

需要注意的是，ChatGPT基于自然语言处理技术，因此它可能无法在所有情况下提供完全准确的答案。但是，随着时间的推移，ChatGPT会不断学习和改进，从而变得更加智能和准确。本节将介绍ChatGPT的一些使用方法和优化技巧，通过学习和掌握这些基本使用方法，可以帮助用户更好地利用ChatGPT的强大功能。

4.2.1　掌握ChatGPT的基本用法

扫码看教学视频

在登录ChatGPT后将会打开ChatGPT的聊天窗口，开始进行对话，用户可以输入任何问题或话题，ChatGPT将尝试回答并提供与主题有关的信息，下面介绍具体的操作方法。

步骤01 打开ChatGPT的聊天窗口，单击底部的输入框，如图4-8所示。

图4-8　单击底部的输入框

步骤02 输入相应的关键词，例如"对比一下梯形和三角形的不同之处，并做成表格"，如图4-9所示。

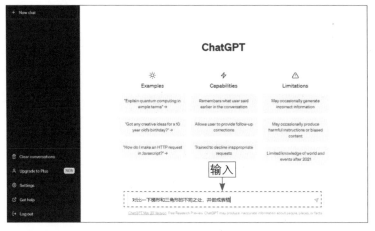

图4-9　输入相应的关键词

步骤 03 单击输入框右侧的发送按钮 或按【Enter】键，ChatGPT 即可根据要求生成相应的表格，如图4-10所示。

图 4-10 ChatGPT 生成相应的表格

4.2.2 让 ChatGPT 变得更生动、灵活

在普通情况下，ChatGPT 生成的文案虽然非常严谨，但是略显死板、单调，其实用户只需要使用一个指令就能让它变得生动、灵活。如果想让 ChatGPT 的回答更灵活，用户可以在关键词的结尾加上指令 "use a temperature of x（使用x的温度）"，下面通过实际操作对比一下。

扫码看教学视频

步骤 01 在 ChatGPT 中输入"请写一段关于老虎的描述"，不添加温度指令，生成的答案如图4-11所示。

图 4-11 不添加温度指令生成的答案

★ 专家提醒 ★

x 为一个数值，一般设置在 0.1 到 1 之间。低温度可以让 ChatGPT 的回答变得稳重且有保障，高温度则可以让 ChatGPT 的回答充满创意与想象力。

步骤 02 加上温度指令，在ChatGPT中输入"请写一段关于老虎的描述，use a temperature of 1"，生成的答案如图4-12所示。可以看到，两个回答的对比非常明显，没有温度指令生成的回答比较机械化，而添加温度指令后生成的回答犹如小说情节一样，更有吸引力。

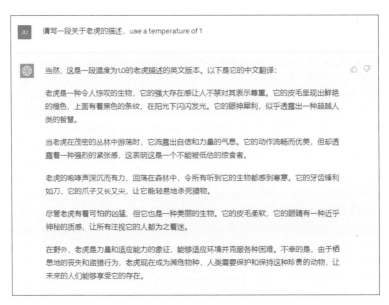

图 4-12 添加温度指令后生成的答案

4.2.3 让ChatGPT自动添加图片

在通常情况下，用户在使用ChatGPT撰写文章时，它只能生成文字内容，用户需要在后期润色的时候通过其他编辑软件添加图片。

例如，在ChatGPT中输入"描述一下杜鹃花海，并给我一张杜鹃花海的图片"，生成的文章内容如图4-13所示。可以看到，虽然ChatGPT尝试去调用网络中符合要求的图片，但图片无法显示出来。

其实，用户可以在关键词的后面添加一条指令"发送图片的时候请用Markdown语言生成，不要反斜线，不要代码框，不要文字介绍，XXX（此处为图片链接）"，即可让ChatGPT自动进行配图。

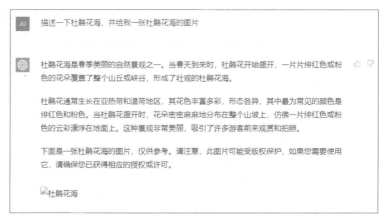

图 4-13　图片无法显示的文章内容

　　Markdown是一种轻量级的标记语言，它允许用户使用易读、易写的纯文本格式编写文档，并通过一些简单的标记语法来实现文本的格式化。Markdown语言的语法简洁明了，学习成本低，因此被广泛应用于写作、博客、笔记、文档等领域。

　　接下来加入指令再生成一次，将上面的关键词修改为"描述一下杜鹃花海，并给我一张杜鹃花海的图片，发送图片的时候请用Markdown语言生成，不要反斜线，不要代码框，不要文字介绍，XXX（此处为图片链接）"，ChatGPT即可利用markdown语言生成图片链接，获得图文并茂的文章内容，如图4-14所示。

图 4-14

杜鹃花海是指由杜鹃花盛开而形成的一片花海景观。在春季，杜鹃花的花苞逐渐绽放，一朵朵色彩斑斓的花朵绽放在山坡上，形成了一片壮观的花海。杜鹃花的颜色丰富多彩，包括绯红色、粉色、白色、黄色等，当这些花朵盛开时，整个山坡被覆盖在一片缤纷的颜色中，非常美丽。因此，许多人都会前往杜鹃花海欣赏这一壮观的自然景观，并拍摄美丽的照片留作纪念。

图 4-14　图文并茂的文章内容

4.2.4　让ChatGPT模仿写作风格

ChatGPT可以模仿各种平台或作者的写作风格，用户在输入关键词时，只需要告诉ChatGPT要模仿的平台或作者的具体风格和特征，ChatGPT会尽可能地模仿他们的风格来写作。

下面以小红书为例，告诉大家小红书博主的爆款文案生成方法。

步骤 01 在ChatGPT中输入"你知道小红书吗"，ChatGPT给出的回答如图4-15所示，这一步的目的是让ChatGPT更好地定位文案的受众和风格。

扫码看教学视频

图 4-15　"你知道小红书吗"的回答

步骤 02 在ChatGPT中输入"用小红书的内容风格撰写一篇200字的文章"，ChatGPT即可根据小红书的内容风格来生成文章，如图4-16所示。

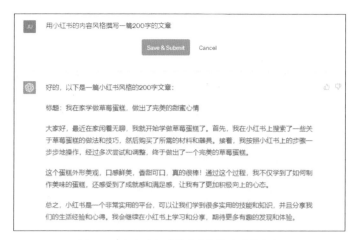

图 4-16　根据小红书的内容风格生成的文章

需要注意的是，ChatGPT提供的文案只是基于语言模型训练生成的，用户需要根据具体情况进行进一步的修改和优化，以符合特定的要求和标准。同时，在使用ChatGPT进行文案写作时，用户也需要根据自己的经验和判断进行适当的调整和改进，使文案有更高的准确性、更好的创意性和可读性。

下面以微信公众号平台为例，看一下如何让ChatGPT写公众号文章。

步骤01 在ChatGPT中输入"你知道微信公众号吗"，ChatGPT给出的回答如图4-17所示。这一步的目的同样是让ChatGPT更好地定位文案的受众和风格。

扫码看教学视频

图 4-17　"你知道微信公众号吗"的回答

步骤02 在ChatGPT中输入"微信公众号的文章内容有哪些特点"，ChatGPT给出的回答如图4-18所示，可以看到ChatGPT列出了微信公众号的文章内容要点。

步骤03 在ChatGPT中输入"用微信公众号的内容风格撰写一篇500字的手机摄影技巧文章"，ChatGPT即可根据微信公众号的内容风格生成相应的文章，如图4-19所示。

微信公众号的文章内容有以下几个特点：

1. 标题醒目：微信公众号的文章标题通常需要具有吸引力和概括性，能够引起用户的兴趣和注意力。
2. 简洁明了：微信公众号的文章需要简洁明了，用简单易懂的语言阐述重点内容，避免使用过于复杂的词汇和句子结构。
3. 重点突出：微信公众号的文章需要突出重点内容，并通过排版、图片、标题等方式进行呈现，使读者容易理解和接受。
4. 实用性强：微信公众号的文章通常需要有实用性，能够帮助读者解决实际问题、获取有用的信息和知识。
5. 互动性强：微信公众号的文章需要具有互动性，能够吸引读者进行评论、点赞、分享等互动行为，提高文章的曝光和传播。
6. 贴近用户：微信公众号的文章需要贴近用户，针对读者的兴趣和需求进行内容定位和推送，增加用户对公众号的关注和认可。
7. 图文并茂：微信公众号的文章通常需要结合以图文并茂的方式进行呈现，通过图片、视频、音频等多媒体形式，增加文章的视觉冲击力和吸引力。

图 4-18 "微信公众号的文章内容有哪些特点"的回答

用微信公众号的内容风格撰写一篇500字的手机摄影技巧文章

标题：手机摄影技巧，让你的照片更出色！

大家好，今天我来分享一些手机摄影的小技巧，让你的照片更加出色！如果你是一个喜欢拍照的人，又或者是一个营销人员，那么这些技巧一定能让你的照片更加美丽和有吸引力。

第一，了解手机摄影的基本原理。手机摄影的原理与传统摄影类似，需要掌握光线、曝光、对焦等基本技巧。充分利用手机摄像头的功能，对光线、曝光、对焦进行适当调整，可以提高照片的清晰度和色彩还原度。

第二，注重构图和画面布局。合理的构图和画面布局能够让照片更加有层次感和视觉冲击力。可以运用对称、重心、金字塔等构图原则，突出主题，增强照片的视觉效果。

第三，使用滤镜和后期处理工具。滤镜和后期处理工具是手机摄影的重要工具之一。在拍摄时可以使用自带的滤镜或者通过APP添加滤镜，以增强照片的色彩、对比度等特点。此外，后期处理也是一个非常重要的环节，可以通过调整曝光、色温等参数，对照片进行精细化处理。

第四，掌握好时间和场景。不同的时间和场景对于手机摄影的效果影响很大。例如，黄昏时分可以拍摄到美丽的夕阳和大片的色彩；在风景区、城市建筑等地方可以拍摄到独特的风景和建筑特色。

第五，培养自己的摄影感觉和审美能力。摄影是一门艺术，需要一定的感觉和审美能力。在拍摄时可以多观察周围的事物，学习摄影大师的作品，以培养自己的摄影感觉和审美能力。

以上就是我分享的手机摄影技巧，希望能对大家有所帮助。手机摄影的好处是方便、随时随地都可以拍摄，而这些技巧的运用可以让你的照片更出色、更吸引人眼球。让我们一起把手机摄影发挥到极致，创造更多美好的瞬间！

图 4-19 根据微信公众号的内容风格生成的手机摄影技巧文章

4.2.5 有效的ChatGPT提问结构

同样都是使用ChatGPT生成的答案，无效提问和有效提问获得的答

扫码看教学视频

案的质量可以说是有天壤之别。下面介绍一个在ChatGPT中获得高质量答案的提问结构。

步骤 01 看一个无效的提问案例，在ChatGPT中输入"我要去长沙旅游，帮我推荐一些景点"，ChatGPT的回答如图4-20所示。可以看到，ChatGPT推荐的结果其实跟百度搜索的结果没有太大的区别。

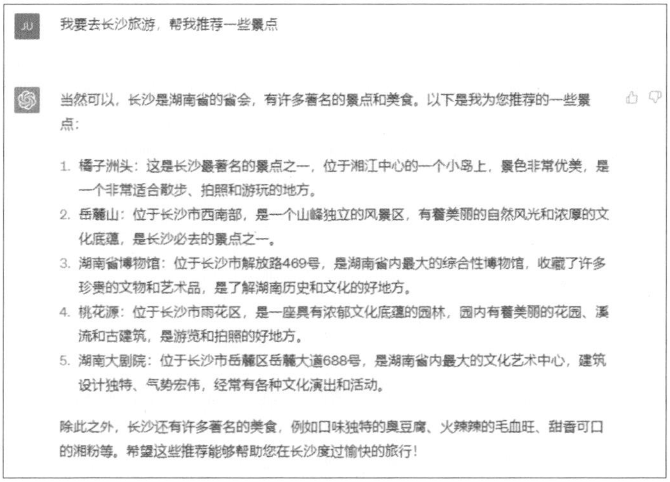

图 4-20　无效的提问案例

步骤 02 分析有效的提问方法，在ChatGPT中输入"我要在10月1号去长沙旅游，为期一天，住在五一广场附近；请你作为一名资深导游，帮我制定一份旅游计划，包括详细的时间、路线和用餐安排；我希望时间宽松，不用太过奔波；另外，请写出乘车方式"，ChatGPT的回答如图4-21所示。

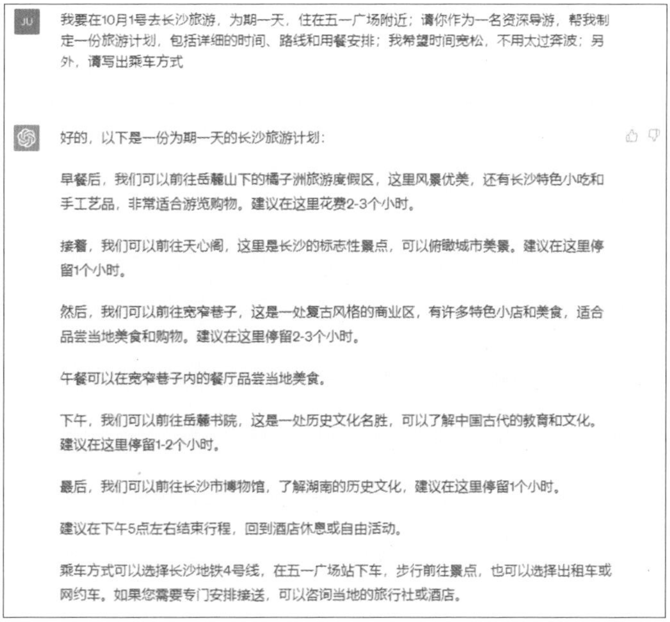

图 4-21　有效的提问案例

上面这个提问案例就是采用了"交代背景+赋予身份+给出需求+意见补充"的提问结构，基本上能够帮助我们解决生活上面临的大部分问题。

（1）交代背景："我要在10月1号去长沙旅游，为期一天，住在五一广场附近。"

（2）赋予身份："请你作为一名资深导游，帮我制定一份旅游计划，包括详细的时间、路线和用餐安排。"

（3）给出需求："我希望时间宽松，不用太过奔波。"

（4）意见补充："另外，请写出乘车方式。"

4.2.6　使用ChatGPT指定关键词

在通过ChatGPT创作文案时可以使用特定的关键词，让生成的内容更加符合用户的需求。

例如，使用ChatGPT来生成一篇小说，用户只要指定与小说主题相关的关键词，即可帮助ChatGPT更好地理解你的需求。在ChatGPT中输入"试用第一人称方式，假设你是1947年罗斯威尔事件中的一名警官，撰写一篇冒险小说，描述当晚的事件"，ChatGPT即可根据该事件生成一篇惊心动魄的探险小说，如图4-22所示。

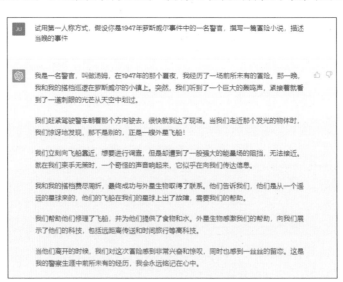

图 4-22　使用 ChatGPT 生成的探险小说

当用户给了ChatGPT一个身份后，接下来需要给出进一步的指令，这就需要用到关键词。例如，给ChatGPT身份为"你现在是一名编剧"，同时给出关键词"你将为电影或能够吸引观众的网络连续剧开发引人入胜且富有创意的剧本。从想出有趣的角色、故事的背景、角色之间的对话等开始。一旦你的角色发展完成——创造一个充满曲折的激动人心的故事情节，让观众一直悬念到最后。我的第一个要求是‘写一部以巴黎为背景的浪漫剧情电影剧本’”。

将上述关键词输入ChatGPT中，中间还用到了一个“继续写”的关键词，ChatGPT即可根据这些关键词生成一篇完整的电影剧本，如图4-23所示。

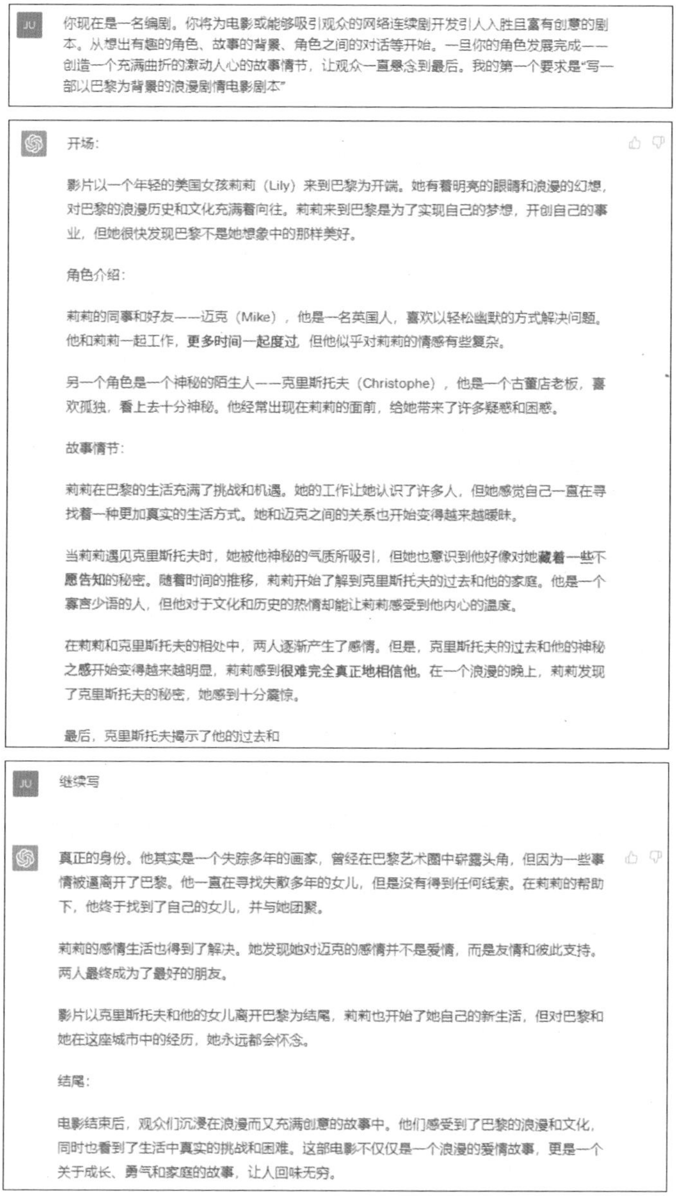

JU 你现在是一名编剧。你将为电影或能够吸引观众的网络连续剧开发引人入胜且富有创意的剧本。从想出有趣的角色、故事的背景、角色之间的对话等开始。一旦你的角色发展完成——创造一个充满曲折的激动人心的故事情节，让观众一直悬念到最后。我的第一个要求是"写一部以巴黎为背景的浪漫剧情电影剧本"

开场：

影片以一个年轻的美国女孩莉莉（Lily）来到巴黎为开端。她有着明亮的眼睛和浪漫的幻想，对巴黎的浪漫历史和文化充满着向往。莉莉来到巴黎是为了实现自己的梦想，开创自己的事业，但她很快发现巴黎不是她想象中的那样美好。

角色介绍：

莉莉的同事和好友——迈克（Mike），他是一名英国人，喜欢以轻松幽默的方式解决问题。他和莉莉一起工作，更多时间一起度过，但他似乎对莉莉的情感有些复杂。

另一个角色是一个神秘的陌生人——克里斯托夫（Christophe），他是一个古董店老板，喜欢孤独，看上去十分神秘。他经常出现在莉莉的面前，给她带来了许多疑惑和困惑。

故事情节：

莉莉在巴黎的生活充满了挑战和机遇。她的工作让她认识了许多人，但她感觉自己一直在寻找着一种更加真实的生活方式。她和迈克之间的关系也开始变得越来越暧昧。

当莉莉遇见克里斯托夫时，她被他神秘的气质所吸引，但她也意识到他好像对她藏着一些不愿告知的秘密。随着时间的推移，莉莉开始了解到克里斯托夫的过去和他的家庭。他是一个寡言少语的人，但他对于文化和历史的热情却能让莉莉感受到他内心的温度。

在莉莉和克里斯托夫的相处中，两人逐渐产生了感情。但是，克里斯托夫的过去和他的神秘之感开始变得越来越明显，莉莉感到很难完全真正地相信他。在一个浪漫的晚上，莉莉发现了克里斯托夫的秘密，她感到十分震惊。

最后，克里斯托夫揭示了他的过去和

JU 继续写

真正的身份。他其实是一个失踪多年的画家，曾经在巴黎艺术圈中崭露头角，但因为一些事情被逼离开了巴黎。他一直在寻找失散多年的女儿，但是没有得到任何线索。在莉莉的帮助下，他终于找到了自己的女儿，并与她团聚。

莉莉的感情生活也得到了解决。她发现她对迈克的感情并不是爱情，而是友情和彼此支持。两人最终成为了最好的朋友。

影片以克里斯托夫和他的女儿离开巴黎为结尾，莉莉也开始了她自己的新生活，但对巴黎和她在这座城市中的经历，她永远都会怀念。

结尾：

电影结束后，观众们沉浸在浪漫而又充满创意的故事中。他们感受到了巴黎的浪漫和文化，同时也看到了生活中真实的挑战和困难。这部电影不仅仅是一个浪漫的爱情故事，更是一个关于成长、勇气和家庭的故事，让人回味无穷。

图 4-23　使用 ChatGPT 生成的电影剧本

4.3 利用ChatGPT生成短视频脚本

如今，短视频已成为现代社交媒体和移动互联网中不可或缺的一部分，它能够提供快速、简单的信息传播方式，提高信息的传达效率。同时，短视频中的碎片化和有趣的内容可以随时随地进行观看和分享，吸引了大量用户参与其中。

其实，利用ChatGPT可以生成创意丰富的短视频脚本，帮助用户创作出吸引人的短视频内容，本节将介绍一些相关技巧。

4.3.1 策划短视频的主题

扫码看教学视频

用户可以在ChatGPT中通过输入相关主题、情节、角色、对话等信息来启发ChatGPT生成创意丰富的短视频脚本，这样用户就能够更快地创作出吸引人的短视频内容，提高短视频的质量和观众的参与度。

制作短视频的目的是吸引观众的注意力，传达信息和情感，因此用户首先要策划一个好的主题，具体方法如下。

步骤01 在ChatGPT中输入"帮我推荐10个热门短视频话题"，ChatGPT的回答如图4-24所示。

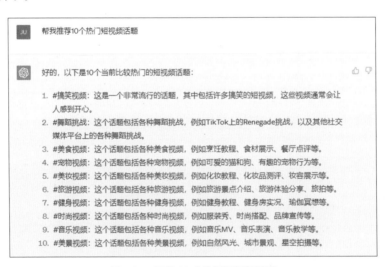

图4-24 推荐10个热门短视频话题

步骤02 让ChatGPT在"#美妆视频"这个大的类目下列出一些子主题，在ChatGPT中输入"关于#美妆视频，给我10个子主题建议"，ChatGPT的回答如图4-25所示。

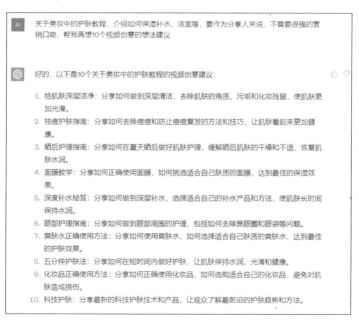

图 4-25　列出子主题建议

步骤 03 从列举的10个子主题中选择一个，例如选择护肤教程，让ChatGPT再想10个视频创意建议，输入"关于美妆中的护肤教程，介绍如何保湿补水、洁面等，要作为分享人来说，不需要很强的营销口吻，帮我再想10个视频创意的想法建议"，ChatGPT的回答如图4-26所示。

图 4-26　视频创意建议

步骤 **04** 选择"深度补水秘籍：分享如何做到深层补水，选择适合自己的补水产品和方法，使肌肤长时间保持水润"这个建议，让ChatGPT拟一个视频标题，可以试着让ChatGPT加入一些数字，这样更有说服力，输入"根据'深度补水秘籍：分享如何做到深层补水，选择适合自己的补水产品和方法，使肌肤长时间保持水润'这个内容，帮我写10个热门的短视频标题，并在其中加一些数字"，ChatGPT的回答如图4-27所示。

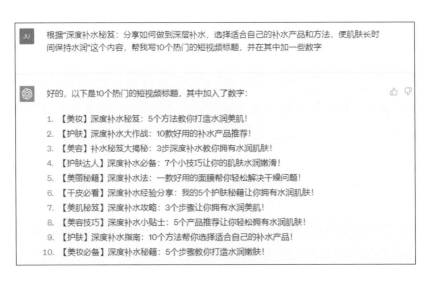

图 4-27　生成热门的短视频标题

4.3.2　生成短视频的脚本

扫码看教学视频

在有了短视频主题之后，用户即可让ChatGPT根据这个主题生成详细的脚本内容，具体方法如下。

步骤 **01** 在 ChatGPT 中输入"'【美妆】深度补水秘籍：5 个方法教你打造水润美肌！'根据这个标题，写一个抖音短视频脚本。语气：分享人口吻、惊喜、轻松。内容符合平台规则，不要用极限词。"，ChatGPT 的回答如图 4-28 所示。

步骤 **02** 让ChatGPT详细叙述一下，输入"请详细展开叙述一下"，ChatGPT即可生成更加详细的脚本文案，如图4-29所示。

"【美妆】深度补水秘笈：5个方法教你打造水润美肌！"根据这个标题，写一个抖音短视频脚本。语气：分享人口吻、惊喜、轻松。内容符合平台规则，不要用极限词。

(视频打开，背景音乐响起)

Hey大家好，欢迎来到我的频道！今天我要跟大家分享一些关于深度补水的秘诀，让你的肌肤长时间保持水润。相信很多人都有这样的困扰，肌肤缺水干燥、缺乏光泽。但是别担心，今天我会教你5个方法，帮助你打造水润美肌。

第一个方法：多喝水。每天喝足够的水可以让身体保持水分平衡，也能让你的肌肤水润有光泽。

第二个方法：使用保湿喷雾。保湿喷雾可以在任何时间为你的肌肤补水，尤其是在空调房里。

第三个方法：使用补水面膜。补水面膜是补充肌肤水分的有效方式之一。选择适合自己的面膜，定期使用可以让你的肌肤水润有弹性。

第四个方法：选择保湿护肤品。选择适合自己肤质的保湿护肤品，每天保持肌肤水润。

第五个方法：饮食要均衡。适当食用富含水分的食物，如蔬菜、水果等，也可以补充身体所需水分。

以上就是我分享的5个深度补水的方法，希望对你们有所帮助。记得多多关注我的频道，我们下次再见！

图 4-28 生成短视频脚本

请详细展开叙述一下

当我们的肌肤缺水时，肌肤就会变得干燥、缺乏光泽，容易出现细纹和暗沉等问题。因此，保持肌肤水润是肌肤保养的重要一环。

第一个方法是多喝水。每天喝足够的水可以保持身体水分平衡，同时也能让肌肤保持水润有光泽。因此，我们应该每天至少喝八杯水，以确保我们的身体和肌肤都充分得到水分。

第二个方法是使用保湿喷雾。保湿喷雾是一种可以在任何时间、任何地点为肌肤补水的神器，尤其是在干燥的空调房里，使用保湿喷雾可以让肌肤时刻保持水润状态。

第三个方法是使用补水面膜。补水面膜是补充肌肤水分的有效方式之一。选择适合自己的面膜，如保湿面膜、水光面膜等，可以定期使用，为肌肤补充充足的水分，使肌肤水润有弹性。

第四个方法是选择保湿护肤品。选择适合自己肤质的保湿护肤品，如保湿精华、保湿乳液、保湿面霜等，每天使用可以让肌肤持续保持水润状态。

第五个方法是饮食要均衡。适当食用富含水分的食物，如蔬菜、水果等，也可以补充身体所需水分。同时，应避免食用过多的咖啡、茶、酒等刺激性饮料，这些饮料会加速身体的排水过程，使肌肤更加缺水。

总之，以上五个方法都是保持肌肤水润的有效途径。我们应该根据自己的肤质和生活习惯，选择适合自己的补水方法和产品，并坚持使用，使肌肤长时间保持水润有光泽。

图 4-29 生成更加详细的脚本文案

本章小结

　　本章主要向读者介绍了用ChatGPT创作文案的相关基础知识，帮助读者了解了ChatGPT的注册与登录、ChatGPT的使用与优化、利用ChatGPT生成短视频脚本等方法。通过对本章的学习，希望读者能够更好地掌握ChatGPT的应用与优化技巧。

课后习题

　　1. 使用ChatGPT模仿今日头条的风格写一篇财经领域的文章。

　　2. 使用ChatGPT做一个美食类短视频的脚本文案。

第 5 章

一语成画：快速生成的文心一格

文心一格是一款非常有潜力的 AI 绘画平台，可以帮助用户实现更高效、更有创意的创作过程。本章主要介绍文心一格的注册方法、绘画技巧以及实验室用法等内容，帮助大家实现"一语成画"的目标。

5.1 认识并注册文心一格

文心一格通过人工智能技术的应用为用户提供了一系列高效、具有创造力的AI创作工具和服务，让用户在艺术和创意创作方面能够更自由、更高效地实现自己的创意想法。本节主要介绍文心一格的产品背景、注册方法和充值方法。

5.1.1 了解文心一格的产品背景

文心一格是百度在人工智能领域持续研发和创新的一款产品。百度在自然语言处理、图像识别等领域中积累了深厚的技术实力和海量的数据资源，以此为基础不断推进人工智能技术在各个领域的应用。

在这个背景下，百度飞桨推出了文心一格这一AI艺术和创意辅助平台，希望通过人工智能技术的应用帮助用户轻松实现自己的创意想法。

飞桨（PaddlePaddle）是百度开发的深度学习框架，提供了丰富的深度学习模型和工具，支持开发者进行模型训练、模型优化、模型部署等一系列操作。图5-1所示为百度飞桨的模型库，提供了丰富的官方支持模型集合，并推出了全类型的高性能部署和集成方案供开发者使用。

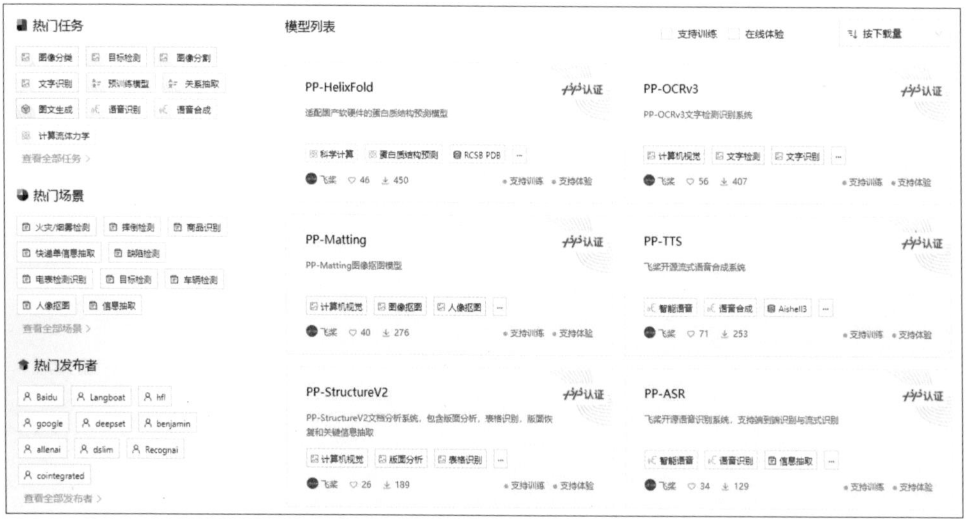

图 5-1　百度飞桨的模型库

用户可以使用百度飞桨提供的深度学习框架和各种工具进行模型开发、测试、部署等操作。文心一格作为百度飞桨平台上的一个应用程序，可以通过该平台进行在线访问和使用。

5.1.2　注册与登录文心一格平台

用户想要使用文心一格进行创作，首先需要登录自己的百度账号，如果没有账号则需要先注册。下面介绍注册与登录文心一格的操作方法。

步骤 01 进入文心一格的官网首页，单击"登录"按钮，如图5-2所示。

图 5-2　单击"登录"按钮

步骤 02 执行操作后，进入百度的"用户名密码登录"页面，用户可以直接使用百度账号进行登录，也可以通过QQ、微博或微信账号进行登录，没有相关账号的用户可以单击"立即注册"链接，如图5-3所示。

图 5-3　单击"立即注册"链接

步骤 03 执行操作后，进入百度的"欢迎注册"页面，如图5-4所示，用户只需输入相应的用户名、手机号、密码和验证码，并根据提示进行操作即可完成注册。

图 5-4　百度的"欢迎注册"页面

5.1.3　文心一格的"电量"充值

"电量"是文心一格平台为用户提供的数字化商品，用于兑换文心一格平台上的图片生成服务、指定公开画作下载服务以及其他增值服务等。在文心一格平台上进行"电量"充值的操作如下。

步骤01 登录文心一格平台，在"首页"页面中单击⚡按钮，如图5-5所示。

图 5-5　单击相应按钮

步骤02 执行操作后进入"充电小站"页面，用户可以通过完成签到、画作分享等任务来领取"电量"，也可以单击"充电"按钮，如图5-6所示。

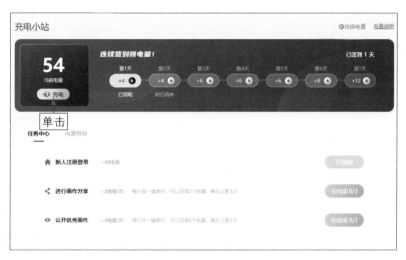

图 5-6　单击"充电"按钮

步骤 03 执行操作后弹出"充电"对话框，如图5-7所示，选择相应的充值金额，单击"确定"进行充值即可。"电量"可用于文心一格平台提供的AI创作服务，当前支持选择"推荐"或"自定义"模式进行自由AI创作。创作失败的画作对应消耗的"电量"会退还到用户的账号，用户可以在"电量明细"页面中查看。

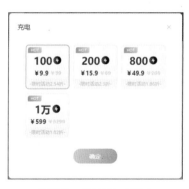

图 5-7　"充电"对话框

5.2　文心一格的AI绘画技巧

用户可以通过文心一格快速生成高质量的画作，文心一格支持自定义关键词、画面类型、图像比例、数量等参数，且生成的图像质量可以与人类创作的艺术作品媲美。需要注意的是，即使是完全相同的关键词，文心一格每次生成的画作也是会有差异的。本节主要介绍文心一格的AI绘画技巧，帮助大家快速上手。

5.2.1　输入关键词快速作画

对于新手来说，可以直接使用文心一格的"推荐"AI绘画模式，只需输入关键词（该平台也将其称为创意）即可让AI自动生成画作，具体操作方法如下。

步骤01 登录文心一格，单击"开始创作"按钮，进入"AI创作"页面，输入相应的关键词，单击"立即生成"按钮，如图5-8所示。

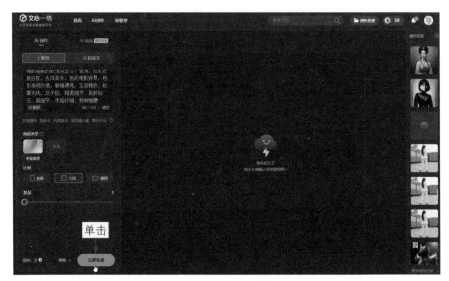

图 5-8　单击"立即生成"按钮

步骤02 稍等片刻，即可生成一幅相应的AI绘画作品，如图5-9所示。

图 5-9　生成 AI 绘画作品

★ 专家提醒 ★

本实例中用到的关键词为"精致细腻的敦煌风玉女，全身，色彩皮肤白皙，古风美女，色彩电影背景，色彩透明纱裙，眼睛漂亮，五官精致，轮廓光线，瓜子脸，精美细节，肌肤如玉，超细节，手指纤细，杨柳细腰"。

5.2.2 更改AI作品的画面类型

扫码看教学视频

文心一格的画面类型非常多，包括"智能推荐""艺术创想""唯美二次元""怀旧漫画风""中国风""概念插画""明亮插画""梵高""超现实主义""动漫风""插画""像素艺术""炫彩插画"等类型。下面介绍更改画面类型的操作方法。

步骤 01 进入"AI创作"页面，输入相应的关键词，在"画面类型"选项区中单击"更多"按钮，如图5-10所示。

步骤 02 执行操作后即可展开"画面类型"选项区，在其中选择"唯美二次元"选项，如图5-11所示。

图 5-10 单击"更多"按钮

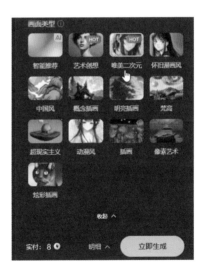

图 5-11 选择"唯美二次元"选项

★ 专家提醒 ★

"唯美二次元"的特点是画面中充满了色彩斑斓、细腻柔和的线条，表现出梦幻、浪漫的情感氛围，让人感到轻松愉悦，常用于动漫、游戏、插画等领域。

步骤 03 单击"立即生成"按钮，即可生成一幅"唯美二次元"类型的AI绘画作品，效果如图5-12所示。

图 5-12　生成"唯美二次元"类型的 AI 绘画作品

★ 专家提醒 ★

　　从本实例的效果图中可以看到，虽然整体的效果比较精美，但局部仍有不足，最严重的就是人物的手部出现了比较明显的变形。另外，同样的关键词，选择不同的画面类型生成的效果也不一样。图 5-13 所示为"怀旧漫画风"画面类型的效果图，可以看到不仅画风不同，甚至连角色也变成了男性。

图 5-13　"怀旧漫画风"类型的效果图

5.2.3　设置生成作品的比例和数量

除了可以设置画面类型以外，文心一格还可以设置图像的比例（竖图、方图和横图）和数量（最多9张），具体操作方法如下。

步骤01 进入"AI创作"页面，输入相应的关键词，设置"比例"为"方图"、设置"数量"为2，如图5-14所示。

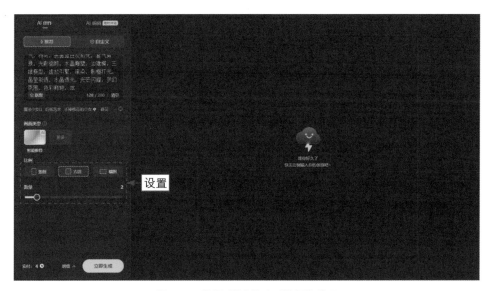

图 5-14　设置"比例"和"数量"选项

步骤02 单击"立即生成"按钮，生成两幅AI绘画作品，效果如图5-15所示。

图 5-15　生成两幅 AI 绘画作品

★ 专家提醒 ★

本实例中用到的关键词为"晶莹剔透，泡泡，唯美，星光，粉色光环，丁达尔效应，牡丹花，高分辨率，最高质量，清新，光影强化，冰透水气，特写，表面蓝白反射光，雾气背景，光影追踪，水晶雕塑，3D建模，三维模型，虚拟引擎，渲染，影棚打光，晶莹剔透，水晶透光，光芒闪耀，梦幻氛围，色彩鲜艳，8K"。其中3D是3 Dimensions的简写，指三维；8K是一种数字视频标准。

5.2.4　使用自定义AI绘画模式

扫码看教学视频

使用文心一格的"自定义"AI绘画模式，用户可以设置更多的关键词，从而让生成的图片效果更加符合自己的需求，具体操作方法如下。

步骤01 进入"AI创作"页面，切换至"自定义"选项卡，输入相应的关键词，设置"选择AI画师"为"二次元""尺寸"为9：16，如图5-16所示。

步骤02 在下方继续设置"画面风格"为"日漫风""修饰词"为"cg渲染""不希望出现的内容"为"人物手部"，如图5-17所示。

图5-16　设置AI画师和图像尺寸

图5-17　设置其他选项

★ 专家提醒 ★

本实例中用到的关键词为"微距摄影，日漫风，皮肤白皙，古风美女高中生，红色汉服，轮廓光线，瓜子脸，大眼睛，优雅武侠风，飘逸，复杂的细节，绝美，完成度高，细节丰富，质感细腻，视觉冲击力强，超细节，高分辨率，高饱和度，光线追踪，光影特效，8K"。其中cg是Computer Graphics的简写，指计算机动画。

步骤 03 单击"立即生成"按钮，即可生成自定义的AI绘画作品，效果如图5-18所示。

图 5-18 生成自定义的 AI 绘画作品

5.2.5 上传参考图实现以图生图

使用文心一格的"上传参考图"功能，用户可以上传任意一张图片，通过文字描述想修改的地方，实现以图生图的效果，具体操作方法如下。

扫码看教学视频

步骤 01 在"AI 创作"页面的"自定义"选项卡中输入相应关键词，设置"选择 AI 画师"为"二次元"，单击"上传参考图"下方的 ⊕ 按钮，如图 5-19 所示。

步骤 02 执行操作后弹出"打开"对话框，选择相应的参考图，如图 5-20 所示。

图 5-19 单击相应按钮

图 5-20 选择相应的参考图

111

步骤 03 单击"打开"按钮上传参考图，并设置"影响比重"为6，该数值越大参考图的影响就越大，如图5-21所示。

步骤 04 设置"数量"为1，单击"立即生成"按钮，如图5-22所示。

图 5-21　设置"影响比重"选项

图 5-22　单击"立即生成"按钮

步骤 05 执行操作后即可根据参考图生成自定义的AI绘画作品，效果如图5-23所示。

图 5-23　根据参考图生成自定义的 AI 绘画作品

★ 专家提醒 ★

在文心一格中输入关键词时不用太注意英文字母的大小写，这对输出结果没有影响，只要保证英文单词的正确性即可，并且关键词要用空格或逗号隔开。

5.2.6　用图片叠加功能混合两张图

文心一格的"图片叠加"功能是指将两张图片叠加在一起，生成一张新的图片，新的图片会同时具备两张图片的特征，该功能的具体使用方法如下。

步骤01 在"AI创作"页面中切换至"AI编辑"选项卡，展开"图片叠加"选项区，单击左侧的"选择图片"按钮，如图5-24所示。

步骤02 在弹出的对话框中切换至"上传本地照片"选项卡，单击"选择文件"按钮，如图5-25所示。

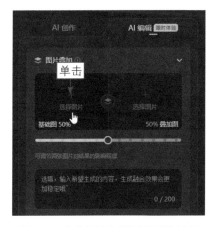

图 5-24　单击左侧的"选择图片"按钮

图 5-25　单击"选择文件"按钮

步骤03 弹出"打开"对话框，选择相应的图片素材，如图5-26所示。

步骤04 单击"打开"按钮，上传本地图片，然后单击"确定"按钮，如图5-27所示。

图 5-26　选择相应的图片素材

图 5-27　单击"确定"按钮

113

步骤 05 执行操作后即可添加基础图，在"图片叠加"选项区中单击右侧的"选择图片"按钮，如图5-28所示。

步骤 06 弹出相应对话框，在"我的作品"选项卡中选择一张图片，然后单击"确定"按钮，如图5-29所示。

图 5-28　单击右侧的"选择图片"按钮

图 5-29　单击"确定"按钮

步骤 07 执行操作后即可添加叠加图，调整两张图片对结果的影响程度，并输入相应关键词（用户希望生成的图片内容），如图5-30所示。

步骤 08 单击"立即生成"按钮即可叠加两张图片，生成一张新图片，效果如图5-31所示。

图 5-30　输入相应关键词

图 5-31　生成一张新图片

5.2.7　用涂抹编辑功能修复图片瑕疵

扫码看教学视频

如果用户生成的图片有一些杂物或瑕疵，可以利用文心一格的"涂抹编辑"功能进行修复，用户只需对图片中希望修改的区域进行涂抹，AI算法将对涂抹区域按照指令自动重新绘制，具体操作方法如下。

步骤01 在"AI创作"页面中切换至"AI编辑"选项卡，展开"涂抹编辑"选项区，单击"选择图片"按钮，如图5-32所示。

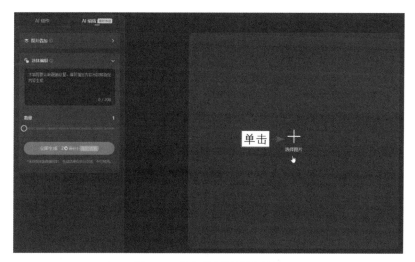

图 5-32　单击"选择图片"按钮

步骤02 在弹出的对话框中切换至"上传本地照片"选项卡，上传一张本地图片，单击"确定"按钮，如图5-33所示。

图 5-33　单击"确定"按钮

步骤03 执行操作后即可添加相应的图片，输入关键词"去除多余的人物"，在图片中涂抹多余的人物，如图5-34所示。

图 5-34　涂抹多余的人物

步骤04 单击"立即生成"按钮，即可去除多余的人物，效果如图5-35所示。

图 5-35　去除多余的人物

如果用户对修复效果不满意，可以单击图片左下角的"编辑本图片"按钮继续进行修复操作，直到满意为止。

5.3 文心一格的AI实验室用法

在文心一格的"创作页面"中单击顶部的"实验室"链接，可以进入"一格AI实验室"页面，其中包括"人物动作识别再创作""线稿识别再创作"和"自定义模型"等功能，如图5-36所示，本节将介绍这些功能的具体使用。

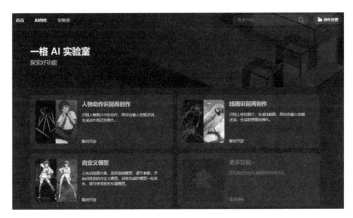

图 5-36　文心一格的 AI 实验室功能

5.3.1　使用人物动作识别再创作功能

使用"人物动作识别再创作"功能可以识别图片中的人物动作，然后结合输入的关键词生成与动作相近的画作，具体操作方法如下。

扫码看教学视频

步骤01 进入"人物动作识别再创作"页面，单击"将文件拖到此处，或点击上传"按钮，如图5-37所示。

图 5-37　单击"将文件拖到此处，或点击上传"按钮

117

步骤02 执行操作后弹出"打开"对话框，选择相应的图片，如图5-38所示。

步骤03 单击"打开"按钮即可添加参考图，输入相应的关键词"少女，亚麻色长发，春日，森系，白色连衣裙，唯美二次元"，然后单击"立即生成"按钮，如图5-39所示。

图5-38　选择相应的图片

图5-39　单击"立即生成"按钮

步骤04 执行操作后即可生成对应的骨骼图和效果图，如图5-40所示。

图5-40　生成对应的骨骼图和效果图

5.3.2　使用线稿识别再创作功能

扫码看教学视频

使用"线稿识别再创作"功能可以识别用户上传的本地图片，并生成线稿图，然后结合用户输入的关键词生成相应的画作，具体操作方法如下。

步骤 01 进入"线稿识别再创作"页面，单击"将文件拖到此处，或点击上传"按钮，如图5-41所示。

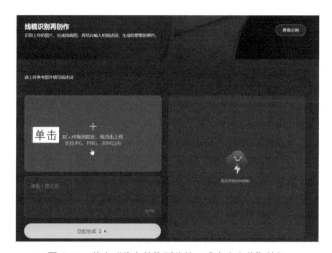

图 5-41　单击"将文件拖到此处，或点击上传"按钮

步骤 02 执行操作后弹出"打开"对话框，选择相应的图片，如图5-42所示。

步骤 03 单击"打开"按钮即可添加参考图，输入相应的关键词"东方美女，身材匀称，短发，复古风，修身旗袍，学生气息"，然后单击"立即生成"按钮，如图5-43所示。

图 5-42　选择相应的图片

图 5-43　单击"立即生成"按钮

步骤 04 执行操作后即可生成对应的线稿图和效果图，如图5-44所示。

图 5-44　生成对应的线稿图和效果图

5.3.3　使用自定义模型功能

文心一格支持"自定义模型"训练功能，用户可以根据自己的需求和数据训练出符合自己要求的模型，实现更个性化、高效的创作方式。"自定义模型"训练功能包括以下两种模型。

（1）二次元人物形象：使用文心一格的"自定义模型"功能只需简单几步即可定制属于自己的二次元人物形象，其流程如图5-45所示。

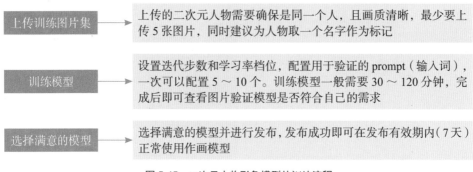

图 5-45　二次元人物形象模型的训练流程

★ 专 家 提 醒 ★

在 prompt 中可以带入之前给人物取名的标记词，强调该人物出现在画面中。

（2）二次元画风：让AI模型学习到训练集的画风，例如画面布局、色调、笔触、风格等，其方法与二次元人物形象类似。

不过，使用"自定义模型"功能需要进行申请，用户可以在"自定义模型"页面中单击"立即申请"按钮进入"合作咨询"页面，如图5-46所示，输入相应的信息后单击"提交"按钮，等待平台审核通过。

图 5-46　"合作咨询"页面

本章小结

本章主要向读者介绍了文心一格的相关基础知识，包括文心一格的注册方法、AI绘画技巧和AI实验室用法等内容。通过对本章的学习，希望读者能够更好地掌握使用文心一格创作AI画作的操作方法。

课后习题

1. 使用文心一格绘制一幅"怀旧漫画风"风格的AI画作。
2. 使用文心一格的"人物动作识别再创作"功能绘制一幅画作。

第 6 章

艺术创作：运作 Midjourney 进行设计

Midjourney 是一个通过人工智能技术进行图像生成和图像编辑的平台，用户可以在其中输入文字、图片等内容，让机器自动创作出符合要求的 AI 画作。本章主要介绍使用 Midjourney 进行艺术创作的基本方法。

6.1 Midjourney的注册和设置

Midjourney和ChatGPT一样，目前是不支持国内网络的，需要在国外网络环境下才能使用，因此不管是注册还是使用都比较麻烦。本节主要介绍Midjourney的注册和设置方法，帮助大家了解Midjourney的基本使用技巧。

6.1.1 注册Discord账号

扫码看教学视频

由于Midjourney是搭建在Discord这个聊天平台上运行的，所以用户先要注册Discord账号，然后通过Discord来登录Midjourney，下面介绍具体的操作方法。

步骤01 打开Discord官网，单击右上角的Login（注册）按钮，如图6-1所示。

图 6-1 单击 Login 按钮

步骤02 执行操作后进入登录页面，输入相应的电子邮箱地址（或电话号码）、密码，单击"登录"按钮即可登录，没有账号的用户可以单击"注册"链接，如图6-2所示。

图 6-2 单击"注册"链接

步骤 **03** 执行操作后进入"创建一个账号"页面，如图6-3所示，输入相应的电子邮件、用户名、密码、出生日期，并单击"继续"按钮，根据提示进行操作，即可注册Discord账号。

图 6-3 "创建一个账号"页面

6.1.2 进入Midjourney频道

有了Discord账号以后，接下来即可在Discord平台中进入Midjourney频道，下面介绍具体的操作方法。

扫码看教学视频

步骤 **01** 打开Midjourney官网，单击右下角的Join the Beta（加入测试版）按钮，如图6-4所示。

图 6-4 单击 Join the Beta 按钮

步骤02 弹出相应的对话框，提示你已被邀请加入Midjourney，输入相应的用户名，单击"继续"按钮，如图6-5所示。

图 6-5　单击"继续"按钮

步骤03 弹出"创建一个账号"对话框，单击"我是人类"左侧的白色方框进行验证，如图6-6所示。

图 6-6　单击白色方框

步骤04 进入"需要验证"页面，单击"使用手机验证"按钮，如图6-7所示，后面根据提示进行操作即可。

完成手机验证操作后即可直接进入Discord界面，左边的帆船标志就代表Midjourney频道，如图6-8所示。需要注意的是，服务器是公用的，大家的关键词和图片都互相可见，信息比较杂乱。

图 6-7　单击"使用手机验证"按钮

图 6-8　进入 Midjourney 频道

6.1.3　创建Midjourney服务器

扫码看教学视频

在默认情况下，用户进入Midjourney频道主页后使用的是公用服务器，操作起来是非常不方便的，一起参与绘画的人非常多，这会导致用户很难找到自己的绘画关键词和作品。下面介绍创建Midjourney服务器的操作方法。

步骤 01 在Midjourney频道主页中单击左下角的"添加服务器"按钮 ＋，如图6-9所示。

步骤02 执行操作后弹出"创建服务器"对话框，选择"亲自创建"选项，如图6-10所示。当然，如果用户收到邀请，也可以加入其他人创建的服务器。

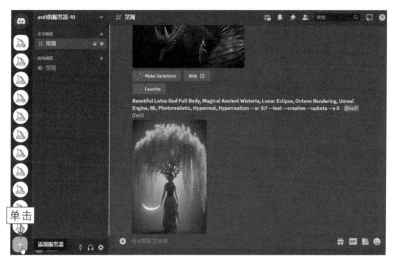

图 6-9　单击"添加服务器"按钮

步骤03 执行操作后弹出一个新的对话框，选择"仅供我和我的朋友使用"选项，如图6-11所示。

图 6-10　选择"亲自创建"选项

图 6-11　选择"仅供我和我的朋友使用"选项

步骤04 执行操作后弹出"自定义您的服务器"对话框，输入相应的服务器名称，单击"创建"按钮，如图6-12所示。

步骤 05 执行操作后即可创建属于自己的Midjourney服务器，如图6-13所示。

图 6-12　单击"创建"按钮

图 6-13　创建 Midjourney 服务器

6.1.4　添加Midjourney Bot

扫码看教学视频

用户可以通过Discord平台与Midjourney Bot进行交互，然后提交关键词快速获得所需的图像。Midjourney Bot是一个用于帮助用户完成各种绘画任务的机器人。下面介绍添加Midjourney Bot的操作方法。

步骤 01 单击左上角的Discord图标，然后单击"寻找或开始新的对话"文本框，如图6-14所示。

步骤 02 执行操作后在弹出的对话框中输入Midjourney Bot，选择相应的选项并按【Enter】键，如图6-15所示。

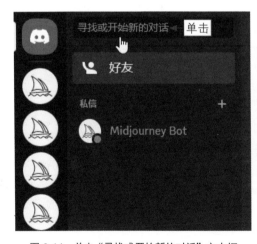

图 6-14　单击"寻找或开始新的对话"文本框

图 6-15　选择相应的选项

步骤 03 执行操作后，在Midjourney Bot的头像上单击鼠标右键，在弹出的快捷菜单中选择"个人资料"选项，如图6-16所示。

步骤 04 在弹出的对话框中单击"添加至服务器"按钮，如图6-17所示。

图 6-16 选择"个人资料"选项　　　　　图 6-17 单击"添加至服务器"按钮

步骤 05 执行操作后弹出"外部应用程序"对话框，选择刚才创建的服务器，单击"继续"按钮，如图6-18所示。

步骤 06 执行操作后确认Midjourney Bot在该服务器上的权限，单击"授权"按钮，如图6-19所示。

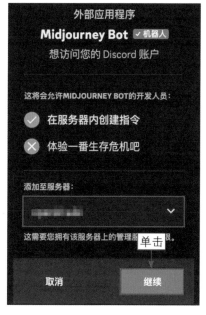

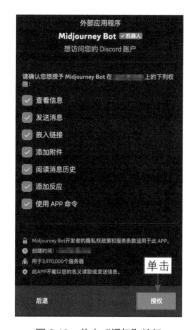

图 6-18 单击"继续"按钮　　　　　　图 6-19 单击"授权"按钮

129

步骤07 执行操作后需要进行"我是人类"的验证，此时会自动弹出验证码界面，按照提示进行验证完成授权。授权成功之后，即可成功将Midjourney Bot绘画机器人添加至自己的服务器内，如图6-20所示。

图 6-20　成功添加 Midjourney Bot 绘画机器人

6.2　Midjourney的基本绘画技巧

使用Midjourney绘画非常简单，具体取决于用户使用的关键词。当然，如果用户要创建高质量的AI绘画作品，则需要大量的训练数据、出色的计算能力和对艺术设计的深入了解。因此，虽然Midjourney的操作可能相对简单，但要创造出独特、令人印象深刻的艺术作品仍需要用户不断探索、尝试和创新。本节将介绍一些基本绘画技巧，帮助大家快速掌握Midjourney的操作方法。

6.2.1　使用文本指令进行AI绘画

Midjourney主要使用文本指令和关键词来完成绘画操作，尽量输入英文关键词，另外Midjourney对英文单词的首字母的大小写没有要求，下面介绍具体的操作方法。

扫码看教学视频

步骤01 在Midjourney下面的输入框内输入/（正斜杠符号），在弹出的列表框中选择/imagine（想象）指令，如图6-21所示。

图 6-21　选择 /imagine 指令

步骤 02 在/imagine指令后面的文本框中输入关键词"A cute white puppy（一只白色的可爱小狗）"，如图6-22所示。

图 6-22　输入关键词

步骤 03 按【Enter】键确认，即可看到Midjourney Bot已经开始工作了，如图6-23所示。

图 6-23　Midjourney Bot 开始工作

步骤 04 稍等片刻，Midjourney将生成4张对应的图片，如图6-24所示。需要注意的是，即使是相同的关键词，Midjourney每次生成的图片的效果也不一样。

图 6-24　生成 4 张对应的图片

6.2.2　使用U按钮生成大图效果

Midjourney生成的图片效果下方的U按钮表示放大选中图的细节，可以生成该图的大图效果。如果用户对4张图片中的某张图片感到满意，可以使用U1～U4按钮进行选择，并在相应图片的基础上进行更加精细的刻画，下面介绍具体的操作方法。

扫码看教学视频

步骤 01 以6.2.1小节的效果为例，单击U2按钮，如图6-25所示。

步骤 02 执行操作后Midjourney将在第2张图片的基础上进行更加精细的刻画，并放大图片效果，如图6-26所示。

图 6-25　单击 U2 按钮

图 6-26　放大图片效果

步骤 03 单击Make Variations（做出变更）按钮，将以该张图片为模板重新生成4张图片，如图6-27所示。

步骤 04 单击U3按钮，放大第3张图片效果，如图6-28所示。

图 6-27　重新生成 4 张图片

图 6-28　放大第 3 张图片效果

步骤 05 单击Favorite（喜欢）按钮，可以标注喜欢的图片，如图6-29所示。

步骤 06 单击Web（跳转到Midjourney的个人主页）按钮，弹出"离开Discord"对话框，在其中单击"访问网站"按钮，如图6-30所示。

图 6-29　标注喜欢的图片

图 6-30　单击"访问网站"按钮

步骤 07 执行操作后进入Midjourney的个人主页，并显示生成的大图效果，单击Save with prompt（保存并提示）按钮■，如图6-31所示，即可保存图片。

图 6-31　单击 Save with prompt 按钮

6.2.3　使用V按钮重新生成图片

V按钮的功能是以所选的图片样式为模板重新生成4张图片，作用与 Make Variations按钮类似，下面介绍具体的操作方法。

扫码看教学视频

步骤01 以6.2.1小节的效果为例，单击V1按钮，如图6-32所示。

步骤02 执行操作后Midjourney将以第1张图片为模板重新生成4张图片，如图6-33所示。

图 6-32　单击 V1 按钮

图 6-33　重新生成 4 张图片

步骤03 如果用户对重新生成的图片都不满意，可以单击 ⟳（循环）按钮，如图6-34所示。

步骤04 执行操作后Midjourney会重新生成4张图片，如图6-35所示。

图 6-34　单击循环按钮

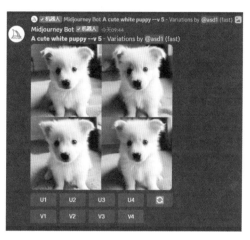

图 6-35　重新生成 4 张图片

6.2.4　使用/describe指令以图生文

扫码看教学视频

关键词也称为关键字、描述词、输入词、提示词、代码等，网上大部分用户也将其称为"咒语"。在Midjourney中，用户可以使用/describe（描述）指令获取图片的关键词，下面介绍具体的操作方法。

步骤01 在Midjourney下面的输入框内输入/，在弹出的列表框中选择/describe指令，如图6-36所示。

步骤02 执行操作后单击上传按钮 ⬆，如图6-37所示。

图 6-36　选择 /describe 指令

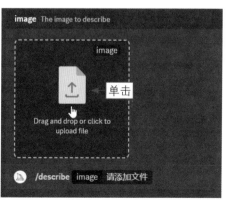

图 6-37　单击上传按钮

步骤03 执行操作后弹出"打开"对话框，选择相应的图片，如图6-38所示。

步骤04 单击"打开"按钮将图片添加到Midjourney的输入框中，如图6-39所示，按【Enter】键确认。

图 6-38　选择相应的图片

图 6-39　添加到 Midjourney 的输入框

步骤05 执行操作后Midjourney会根据用户上传的图片生成4段关键词内容，如图6-40所示。用户可以通过复制关键词或单击下面的1～4按钮，以该图片为模板生成新的图片效果。

步骤06 例如复制第1段关键词后通过/imagine指令生成4张新的图片，效果如图6-41所示。

图 6-40　生成 4 段关键词内容

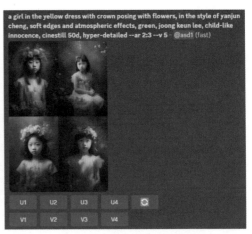

图 6-41　生成 4 张新的图片

6.2.5　使用/blend指令混合两张图片

在Midjourney中，用户可以使用/blend（混合）指令快速上传2～5张图片，然后查看每张图片的特征，并将它们混合成一张新的图片，下面介绍具体的操作方法。

步骤01 在Midjourney下面的输入框内输入/，在弹出的列表框中选择/blend指令，如图6-42所示。

步骤02 执行操作后出现两个图片框，单击左侧的上传按钮，如图 6-43 所示。

图 6-42　选择 /blend 指令

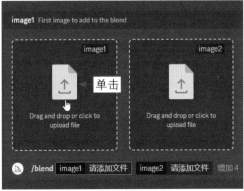

图 6-43　单击上传按钮

步骤03 执行操作后弹出"打开"对话框，选择相应的图片，如图6-44所示。

步骤04 单击"打开"按钮，将图片添加到左侧的图片框中，并用同样的操作方法再次添加一张图片，如图6-45所示。

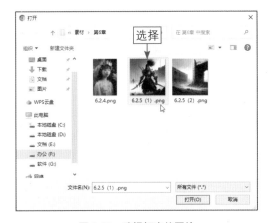

图 6-44　选择相应的图片

图 6-45　添加两张图片

步骤05 连续按两次【Enter】键，Midjourney会自动完成图片的混合操作，并生成4张新的图片，这是没有添加任何关键词的效果，如图6-46所示。

图 6-46 生成 4 张新的图片

步骤06 单击U1按钮，放大第1张图片效果，如图6-47所示。

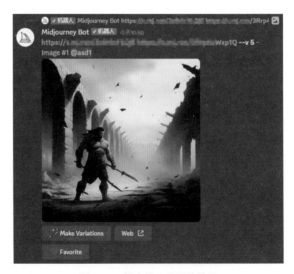

图 6-47 放大第 1 张图片效果

★ 专家提醒 ★

在输入 /blend 指令后，系统会提示用户上传两张图片。如果要添加更多图片，可以选择 optional/options（可选的 / 选项）字段，然后选择 image3、image4 或 image5 添加对应数量的图片。

/blend 指令最多可以处理 5 张图片，如果用户要使用 5 张以上的图片，可以使用
/imagine 指令。为了获得最佳的图片混合效果，用户可以上传与自己想要的效果具有相
同宽高比的图片。

步骤 07 单击图片显示大图效果，然后单击"在浏览器中打开"链接，如
图6-48所示。

步骤 08 执行操作后即可在浏览器的新窗口中打开该图片，效果如图6-49
所示。

图 6-48　单击"在浏览器中打开"链接

图 6-49　在浏览器的新窗口中打开图片

★ 专 家 提 醒 ★

在浏览器的新窗口中打开图片后，用户可以在地址栏中复制图片的链接，也可以在
图片上单击鼠标右键，在弹出的快捷菜单中选择"图片另存为"选项，将图片保存到计
算机中。

6.3 Midjourney的高级绘图设置

Midjourney具有强大的AI绘图功能，用户可以通过各种指令和关键词来改变AI
绘图的效果，生成更优秀的AI画作。本节将介绍Midjourney一些的高级绘图设置，
让用户在创作AI画作时更加得心应手。

6.3.1 Midjourney的常用指令

在使用Midjourney进行绘图时，用户可以使用各种指令与Discord上的Midjourney Bot进行交互，从而告诉它你想要获得一张什么样的效果图。Midjourney的指令主要用于创建图像、更改默认设置以及执行其他有用的任务。表6-1所示为Midjourney中的常用指令。

表6-1　Midjourney 中的常用指令

指　　令	描　　述
/ask（问）	得到一个问题的答案
/blend（混合）	轻松地将两张图片混合在一起
/daily_theme（每日主题）	切换#daily-theme频道更新的通知
/docs（文档）	在Midjourney Discord官方服务器中使用可快速生成指向本用户指南中涵盖的主题的链接
/describe（描述）	根据用户上传的图像编写4个示例提示词
/faq（常见问题）	在Midjourney Discord官方服务器中使用可快速生成指向流行提示工艺频道常见问题解答的链接
/fast（快速地）	切换到快速模式
/help（帮助）	显示有关Midjourney Bot的有用基本信息和提示
/imagine（想象）	使用关键词或提示词生成图像
/info（信息）	查看有关用户的账号以及任何排队（或正在运行）的作业的信息
/stealth（隐身）	专业计划订阅用户可以通过该指令切换到隐身模式
/public（公共）	专业计划订阅用户可以通过该指令切换到公共模式
/subscribe（订阅）	为用户的账号页面生成个人链接
/settings（设置）	查看和调整Midjourney Bot的设置
/prefer option（偏好选项）	创建或管理自定义选项
/prefer option list（偏好选项列表）	查看用户当前的自定义选项
/prefer suffix（喜欢后缀）	指定要添加到每个提示词末尾的后缀
/show（展示）	使用图像作业ID（Identity Document，账号）在Discord中重新生成作业
/relax（放松）	切换到放松模式
/remix（混音）	切换到混音模式

6.3.2　设置生成图片的尺寸

在通常情况下，使用Midjourney生成的图片默认为1:1的方图，其实用户可以使用--ar指令修改生成的图片的尺寸，下面介绍具体的操作方法。

扫码看教学视频

步骤01 通过/imagine指令输入相应关键词，Midjourney默认生成的效果如图6-50所示。

步骤02 继续通过 /imagine 指令输入相同的关键词，并在结尾处加上 --ar 9：16 指令（注意与前面的关键词用空格隔开），即可生成 9：16 尺寸的图片，如图 6-51 所示。

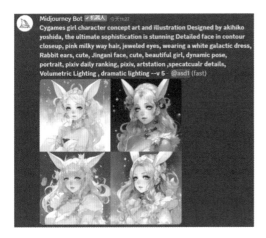

图 6-50　默认生成的效果

图 6-51　生成 9：16 尺寸的图片

图6-52所示为9：16尺寸的大图效果。需要注意的是，在图片生成或放大过程中最终输出的尺寸可能会略有改变。

图 6-52　9：16 尺寸的大图效果

6.3.3 提升图片的细节质量

在Midjourney中生成AI画作时，可以使用--quality（质量）指令处理并产生更多的细节，从而提高图片的质量，下面介绍具体的操作方法。

步骤01 通过/imagine指令输入相应关键词，Midjourney默认生成的图片效果如图6-53所示。

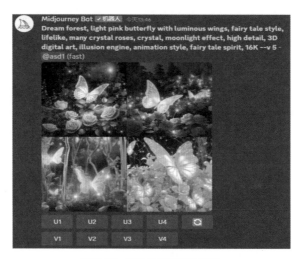

图 6-53　默认生成的图片效果

步骤02 继续通过/imagine指令输入相同的关键词，并在关键词的结尾处加上--quality. 25指令，即可用最快的速度生成细节最少的图片效果，可以看到蝴蝶的细节已经基本看不到了，如图6-54所示。

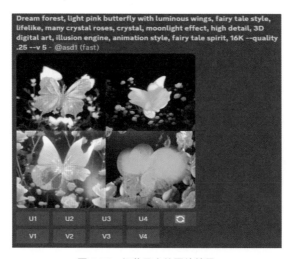

图 6-54　细节最少的图片效果

步骤 03 继续通过/imagine指令输入相同的关键词，并在关键词的结尾处加上--quality .5指令，即可生成细节较少的图片效果，和不使用--quality指令时的效果差不多，如图6-55所示。

步骤 04 继续通过/imagine指令输入相同的关键词，并在关键词的结尾处加上--quality 1指令，即可生成有更多细节的图片效果，如图6-56所示。

图 6-55　细节较少的图片效果

图 6-56　有更多细节的图片效果

图6-57所示为加上--quality 1指令后生成的图片效果。需要注意的是，设置更高的--quality值并不总是更好，有时较低的--quality值可以产生更好的效果，这取决于用户想得到什么样的画作。例如，较低的--quality值比较适合绘制抽象风格的画作。

图 6-57　加上 --quality 1 指令后生成的图片效果

6.3.4 激发AI的创造能力

扫码看教学视频

在Midjourney中使用--chaos（简写为--c）指令，可以激发AI的创造能力，值（0～100）越大越能激发AI的创造能力，下面介绍具体的操作方法。

步骤01 通过/imagine指令输入相应的关键词，并在关键词的后面加上--c 10指令，如图6-58所示。

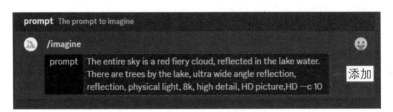

图 6-58 输入相应的关键词和指令

★ 专 家 提 醒 ★

较高的 --chaos 值将产生更多不寻常和意想不到的效果和组合，较低的 --chaos 值输出更可靠、可重得的效果。

步骤02 按【Enter】键确认，生成的图片效果如图6-59所示。

图 6-59 较低的 --chaos 值生成的图片效果

步骤03 再次通过/imagine指令输入相同的关键词，并将--c指令的值修改为

100，生成的图片效果如图6-60所示。

图 6-60　较高的 --chaos 值生成的图片效果

6.3.5　有趣的混音模式用法

使用Midjourney的混音模式可以更改关键词、参数、模型版本或变
体之间的纵横比，让AI绘画变得更加灵活、多变，下面介绍具体的操作
方法。

步骤01 在Midjourney下面的输入框内输入/，在弹出的列表框中选择/settings指令，如图6-61所示。

步骤02 按【Enter】键确认，即可调出Midjourney的设置面板，如图6-62所示。

图 6-61　选择 /settings 指令

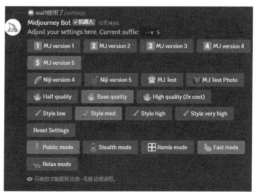

图 6-62　调出 Midjourney 的设置面板

145

★ 专家提醒 ★

为了帮助大家更好地理解，这里将设置面板中的内容翻译成了中文，如图 6-63 所示。直接翻译的英文不是很准确，具体用法需要用户多加练习才能掌握。

步骤 03 在设置面板中单击Remix mode（混音模式）按钮，如图6-64所示，即可开启混音模式。

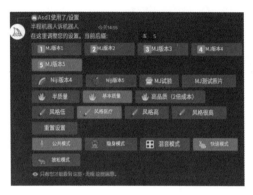

图 6-63　设置面板的中文翻译　　　　图 6-64　单击 Remix mode 按钮

步骤 04 通过/imagine指令输入相应的关键词，生成的图片效果如图6-65所示。

步骤 05 单击 V3 按钮，弹出 Remix Prompt（混音提示）对话框，如图 6-66 所示。

图 6-65　生成的图片效果　　　　图 6-66　Remix Prompt 对话框

步骤 06 适当修改关键词，例如将dog（狗）改为tiger（老虎），如图6-67所示。

步骤 07 单击"提交"按钮，即可重新生成相应的图片，将图中的小狗变成老虎，效果如图6-68所示。

图 6-67　修改关键词

图 6-68　重新生成相应的图片效果

6.3.6　批量生成多组图片

扫码看教学视频

在Midjourney中使用--repeat（重复）指令可以批量生成多组图片，大幅增加出图速度，下面介绍具体的操作方法。

步骤 01 通过/imagine指令输入相应的关键词，并在关键词的后面加上--repeat 2指令，如图6-69所示。

图 6-69　输入相应的关键词和指令

步骤 02 按【Enter】键确认，Midjourney将同时生成两组图片，如图6-70所示。

图 6-70　同时生成两组图片

本章小结

　　本章主要向读者介绍了Midjourney艺术创作的相关基础知识，例如Midjourney的注册和设置、Midjourney的基本绘画技巧、Midjourney的高级绘图设置等内容。通过对本章的学习，希望读者能够更好地掌握使用Midjourney进行AI绘图的操作方法。

课后习题

　　1. 使用Midjourney上传一张图片，并获取该图片的关键词。

　　2. 使用Midjourney绘制一张尺寸为4∶3的风景图片。

第 7 章

AI 绘画： 大幅提升绘画创作效率

AI 绘画可以为艺术家提供创作灵感，同时也可以应用于数字媒体、绘画设计、游戏开发等领域，提高创作效率和降低创作成本，拓展了艺术创作的空间。本章主要介绍 AI 绘画的基本流程和实战案例。

7.1 AI绘画的基本流程

AI绘画程序通过将大量的图像数据输入深度学习模型中进行训练，建立模型的基础，然后使用训练好的模型生成新的图像，这个过程又称为"生成"或"合成"。在此过程中，用户可以通过调整模型的参数和设置对生成的图像进行优化和改进，使其更符合自己的需求和审美标准。本节将以ChatGPT和Midjourney为例介绍AI绘画的基本流程。

7.1.1 描述画面主体

描述画面主体是指用户需要画一个什么样的东西，要把画面的主体内容讲清楚。例如要创作一幅徽派建筑的画作，可以先让ChatGPT帮助生成关键词，然后通过Midjourney进行绘画，具体操作方法如下。

扫码看教学视频

步骤01 在ChatGPT中输入关键词"你是一个AI画师，请帮我简单写5个描述徽派建筑特征的关键词，20字"，ChatGPT的回答如图7-1所示。

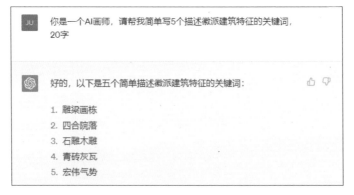

图 7-1　使用 ChatGPT 生成关键词

步骤02 将这些关键词通过百度翻译转换为英文，如图7-2所示。

图 7-2　将关键词翻译为英文

步骤03 在Midjourney中通过/imagine指令输入翻译后的英文关键词，生成初步的图片效果，如图7-3所示。

图 7-3　使用 Midjourney 绘制的图片效果

7.1.2　补充画面细节

扫码看教学视频

画面细节主要用于补充对主体的描述，例如陪体、环境、景别、镜头、视角、灯光、画质等，让AI进一步理解用户的想法。

例如，在上一例关键词的基础上增加一些画面细节的描述，例如"白墙灰瓦，有小花园，有小池塘，广角镜头，逆光，太阳光线，超高清画质"，将其翻译为英文后再次通过Midjourney生成图片效果，具体操作方法如下。

步骤01 在Midjourney中通过/imagine指令输入相应的关键词，如图7-4所示。

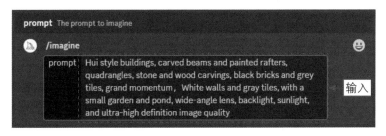

图 7-4　输入相应的关键词

★ 专 家 提 醒 ★

画面细节可以包括光影、纹理、线条、形状等方面，用细节描述可以使画面更具有立体感和真实感，让观众更深入地理解和感受画面所表达的主题和情感。

步骤02 按【Enter】键确认，即可生成补充画面细节关键词后的图片效果，如图7-5所示。

图 7-5　补充画面细节关键词后的图片效果

7.1.3　指定画面色调

　　绘画中的色调是指画面中整体色彩的基调和色调的组合，常见的色调包括暖色调、冷色调、明亮色调、柔和色调等。色调在绘画中起着非常重要的作用，可以传达绘画者想要表达的情感和意境。不同的色调组合还可以营造出不同的氛围和情感，从而影响观众对于画作的感受和理解。

扫码看教学视频

　　例如，在上一例关键词的基础上删去一些无效关键词，并适当调整关键词的顺序，然后指定画面色调，如"柔和色调（soft colors）"，将其翻译为英文后再次通过Midjourney生成图片效果，具体操作方法如下。

步骤01 在Midjourney中通过/imagine指令输入相应的关键词，如图7-6所示。

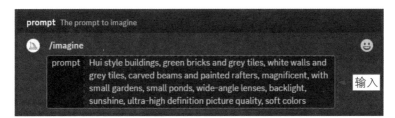

图 7-6　输入相应的关键词

步骤02 按【Enter】键确认，生成指定画面色调后的图片效果，如图7-7所示。

图 7-7　指定画面色调后的图片效果

7.1.4 设置画面参数

通过设置画面参数能够进一步调整画面的细节，除了可以使用Midjourney中的指令参数以外，用户还可以添加4K（超高清分辨率）、8K、3D、渲染器等参数，让画面的细节更加真实、精美。

例如，在上一例关键词的基础上设置一些画面参数（如4K --chaos 60），再次通过Midjourney生成图片效果，具体操作方法如下。

步骤 01 在Midjourney中通过/imagine指令输入相应的关键词，如图7-8所示。

图 7-8　输入相应的关键词

步骤 02 按【Enter】键确认，生成设置画面参数后的图片效果，如图7-9所示。

图 7-9　设置画面参数后的图片效果

7.1.5 指定艺术风格

扫码看教学视频

艺术风格是指艺术家在创作过程中形成的独特表现方式和视觉语言，通常包括在构图、色彩、线条、材质、表现主题等方面的选择和处理方式。在AI绘画中指定作品的艺术风格能够更好地表达作品的情感、思想和观点。

艺术风格的种类繁多，包括印象派、抽象表现主义、写实主义、超现实主义等。每种风格都有其独特的表现方式和特点，例如印象派的色彩运用和光影效果、抽象表现主义的笔触和抽象形态等。

例如，在上一例关键词的基础上增加一个艺术风格的关键词，如"超现实主义（surrealism）"，再次通过Midjourney生成图片效果，具体操作方法如下。

步骤01 在Midjourney中通过/imagine指令输入相应的关键词，如图7-10所示。

图 7-10　输入相应的关键词

步骤02 按【Enter】键确认，生成指定艺术风格后的图片效果，如图 7-11 所示。

图 7-11　指定艺术风格后的图片效果

7.1.6 设置画面尺寸

扫码看教学视频

画面尺寸是指AI生成的图像纵横比，也称为宽高比或画幅，通常表示为用冒号分隔的两个数字，例如7：4、4：3、1：1、16：9、9：16等。画面尺寸的选择直接影响到画作的视觉效果，比如16：9的画面尺寸可以获得更宽广的视野和更好的画质表现，而9：16的画面尺寸适合用来绘制人像的全身照。

例如，在上一例关键词的基础上设置相应的画面尺寸，如增加关键词--aspect（外观）16：9，再次通过Midjourney生成图片效果，具体操作方法如下。

步骤01 在Midjourney中通过/imagine指令输入相应的关键词，如图7-12所示。

图 7-12　输入相应的关键词

步骤02 按【Enter】键确认，生成设置画面尺寸后的图片效果，如图 7-13 所示。

图 7-13　设置画面尺寸后的图片效果

7.2 AI绘画的实战案例

随着人工智能技术的不断发展和应用，越来越多的领域开始与其结合，摆脱了传统的束缚，实现了惊人的创新与突破。在绘画领域，人工智能也被广泛运用，带来了前所未有的创作方式和可能性。

AI绘画技术不仅可以模拟各种传统艺术风格，还能够自主生成全新的艺术作品，对于推动艺术的发展和普及化具有重要的意义。例如，目前已经出现了很多基于AI技术的绘画软件和平台，能够为用户提供更加便捷和高效的创作方式。

此外，AI绘画还被应用于数字艺术作品的制作和营销，为文化产业带来了新的商业机会和发展空间。本节将通过介绍一些具体的AI绘画实战案例来更加深入地探讨AI技术在绘画领域的应用技巧。

7.2.1 绘制艺术画

扫码看教学视频

艺术画是指以各种视觉艺术形式表现出来的具有审美价值的艺术作品，它是通过绘画技法和色彩运用来表达绘画者的个人情感、思想和审美理念，使观众在欣赏过程中获得审美体验的艺术形式。

艺术画在文化传承和人类文明发展中具有重要的地位，不仅展示了人类的审美追求和文化内涵，也为后代留下了宝贵的艺术遗产。

在当代，随着科技的不断发展，数字艺术逐渐成为艺术画的一种新形式，通过计算机技术和数字媒体进行创作，不仅为用户带来了更加广阔的创作空间和可能性，同时也为艺术的多元化发展做出了贡献。

艺术画的种类繁多，包括肖像画、风景画、抽象画等。其中，每种画都有其独特的风格和特点，反映了绘画者对世界的感知和表达方式。下面以肖像画为例，介绍用AI绘制肖像画的操作方法。

步骤 01 在ChatGPT中输入关键词"请用100字描述一下貂蝉的相貌特点"，ChatGPT的回答如图7-14所示。

图 7-14　使用 ChatGPT 生成关键词

步骤02 从ChatGPT的回答中总结出相应的关键词（貂蝉，古代美女，眉目如画，肌肤白皙嫩滑，五官轮廓优美端正，身材苗条婀娜，仪态优雅，风姿绰约，美丽的眼睛，晶莹透亮，温柔媚惑的魅力），并通过百度翻译转换为英文，如图7-15所示。

图7-15　将中文关键词翻译为英文

步骤03 在Midjourney中通过/imagine指令输入相应的关键词，并在其后添加一些关于艺术风格和画面尺寸的关键词，例如"Art Painting（艺术画）--aspect 9：16"，如图7-16所示。

图7-16　输入相应的关键词

步骤04 按【Enter】键确认，生成相应的图片效果，如图7-17所示。

图7-17　生成相应的图片效果

7.2.2　绘制二次元漫画

二次元漫画是指以动漫和漫画为代表的虚拟世界，其中的人物、场景和情节都具有强烈的艺术表现形式，也被称为二次元文化。在这种文化中，人物形象经常被夸张地进行描绘，展现出各种奇特的特征和特点。

下面介绍用Midjourney将真实人物转化为二次元漫画形象的操作方法。

步骤01 在Midjourney下面的输入框内输入/，在弹出的列表框中选择/describe指令，如图7-18所示。

步骤02 执行操作后单击上传按钮，如图7-19所示。

图 7-18　选择 /describe 指令

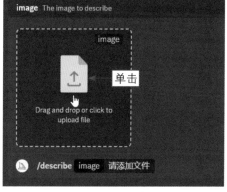
图 7-19　单击上传按钮

步骤03 执行操作后弹出"打开"对话框，选择相应的图片，如图 7-20 所示。

步骤04 单击"打开"按钮，将图片添加到Midjourney的输入框中，如图7-21所示，按【Enter】键确认。

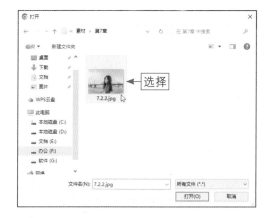
图 7-20　选择相应的图片

图 7-21　添加图片到 Midjourney 的输入框

步骤 05 执行操作后，Midjourney会根据用户上传的图片生成4段关键词内容，单击1按钮，如图7-22所示。

步骤 06 执行操作后弹出Imagine This!（想象一下）对话框，在下拉列表框中插入Aesthetic anime Cartoon（唯美二次元漫画）关键词，如图7-23所示。

图 7-22　单击 1 按钮

图 7-23　插入相应关键词

步骤 07 单击"提交"按钮，Midjourney将根据上传的真人照片来生成二次元漫画风格的图片效果，如图7-24所示。

图 7-24　生成二次元漫画风格的图片效果

步骤 08 用户也可以单击上传到服务器的图片，在弹出的预览大图中单击底部的"在浏览器中打开"链接，如图7-25所示。

图 7-25　单击"在浏览器中打开"链接

步骤 09 执行操作后即可在浏览器的新窗口中打开该图片，在地址栏中复制图片的链接，如图7-26所示。

图 7-26　复制图片的链接

步骤 10 返回Midjourney，调出/imagine指令的输入框，粘贴复制的图片链接，并在其后添加关键词Aesthetic anime Cartoon，如图7-27所示。

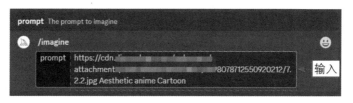

图 7-27　输入相应的关键词

161

步骤11 按【Enter】键确认，生成相应的图片效果，如图7-28所示。

图 7-28　生成相应的图片效果

步骤12 如果用户想让生成的图片更接近原图，可以在关键词后面输入--iw 2指令，如图7-29所示。

图 7-29　输入相应的指令

★ 专 家 提 醒 ★

--iw 是一个图像权重指令，用于调整所生成图片和原图的相似程度，数值范围是0.5 ~ 2，数值越大越接近原图。

步骤13 按【Enter】键确认，再次生成相应的图片效果，如图7-30所示。

图 7-30　添加 --iw 2 指令后生成的图片效果

7.2.3　绘制超现实主义作品

扫码看教学视频

　　超现实主义是20世纪初期欧洲兴起的一种艺术风格，旨在通过描绘超现实的场景和形象打破传统意义上对现实的描绘。这种艺术风格不仅在绘画中运用了变形、拼贴等技法，还借鉴了梦境、幻觉等精神领域的元素。

　　超现实主义的绘画作品具有超强的想象力、离奇的氛围和独特的审美价值，充分地表达了艺术家的创造力和个性。下面介绍用AI绘制超现实主义作品的方法。

　　步骤 01 在ChatGPT中输入关键词"请列出5个超现实主义绘画的题材"，ChatGPT的回答如图7-31所示。

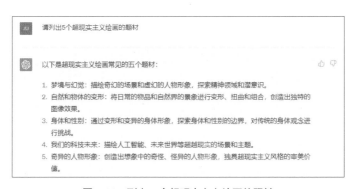

图 7-31　列出 5 个超现实主义绘画的题材

步骤 02 在ChatGPT中输入关键词"以'梦境与幻觉'为主题，用关键词的形式描述一个50字的画面场景"，ChatGPT的回答如图7-32所示。

图7-32　生成关键词

步骤 03 将ChatGPT生成的关键词通过百度翻译转换为英文，如图7-33所示。

图7-33　将中文关键词翻译为英文

步骤 04 在Midjourney中通过/imagine指令输入相应的关键词，并在其后添加一些画面参数、艺术风格和画面尺寸的关键词，例如"surrealist painting style（超现实主义绘画风格），CGI（Computer-Generated Imagery，三维动画），3D，ultra detail（极致细节），realistic（现实的），8K，masterpiece（杰作），function artstation（功能艺术站），ultral wide angle（超广角）--ar 4∶3"，如图7-34所示。

图7-34　输入相应的关键词

★ 专家提醒 ★

ultra detail（极致细节）指的是一种绘画技术，其目的是在绘画中表现出极其精细的细节和纹理，让作品看起来更加真实。但是,过多的细节和纹理可能会导致画面过于复杂，让人难以集中注意力。

步骤 05 按【Enter】键确认，生成相应的图片效果，如图7-35所示。

图 7-35　生成相应的图片效果

7.2.4　绘制概念插画

扫码看教学视频

概念插画（Concept Art）是指在影视、游戏、动漫等创意产业中用于表达和呈现设计概念的一种插画形式。概念插画具有很高的艺术性和创意性，需要插画师具有丰富的绘画技巧和优秀的创意能力。

下面介绍用AI绘制游戏角色概念插画的操作方法。

步骤 01 在 ChatGPT 中输入关键词 "用关键词的形式描述《最终幻想 7》游戏的女主角之一蒂法（Tifa Lockhart）的相貌和身体特征"，ChatGPT 的回答如图 7-36 所示。

> JU　用关键词的形式描述《最终幻想7》游戏的女主角之一蒂法（Tifa Lockhart）的相貌和身体特征
>
> ⑨　关键词描述蒂法的相貌和身体特征：天使容貌、魔鬼身材、小鸟般声音、柳叶眉、杏核眼、樱桃小口、瓜子脸、高鼻梁、乌黑长发、东方女性美丽特征。

图 7-36　使用 ChatGPT 生成描述画面主体的关键词

步骤 **02** 从ChatGPT的回答中总结出相应的关键词"天使容貌、魔鬼身材、柳叶眉、杏核眼、樱桃小口、瓜子脸、高鼻梁、乌黑长发、美丽东方女性"，并通过百度翻译转换为英文，如图7-37所示。

图 7-37 将中文关键词翻译为英文

步骤 **03** 在Midjourney中通过/imagine指令输入相应的关键词，并在其后添加一些画面参数、艺术风格和画面尺寸的关键词，例如"Concept Art，fireflies（萤火虫），cinematic lighting（电影灯光），super wide（超宽），Parallel perspective（平行透视），blue-orange tones（蓝橙色调），8k hd wallpaper（8k高清壁纸），low light at night（夜间微光）--ar 9：16"，如图7-38所示。

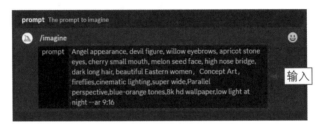

图 7-38 输入相应的关键词

步骤 **04** 按【Enter】键确认，生成相应的图片效果，如图7-39所示。

图 7-39 生成相应的图片效果

概念插画通过手绘或数字绘画的方式将角色、场景、道具等设计概念形象化地呈现出来，有助于明确设计方向和构思。概念插画在影视、游戏等产业中扮演着非常重要的角色，不仅能够提升作品的视觉效果，还能够帮助制作团队更好地理解和实现设计概念。

7.2.5　绘制中国风绘画作品

扫码看教学视频

中国风绘画是一种具有中国传统文化特色的艺术形式，包括山水、花鸟、人物、动物等多种题材，常用传统的水墨画技法进行表现。中国风绘画不仅具有很高的艺术价值，而且具有深厚的文化底蕴和悠久的历史传承。

中国风绘画强调的是形神兼备，既要表现出物象的外在形态，也要表达出内在的精神气质。同时，中国风绘画非常注重笔墨的韵律和意境的凝练，强调对画面整体的把握和构图的安排。

下面介绍用AI绘制中国风绘画作品的操作方法。

步骤 01 在ChatGPT中输入关键词"请列出5个中国风绘画的题材"，ChatGPT的回答如图7-40所示。

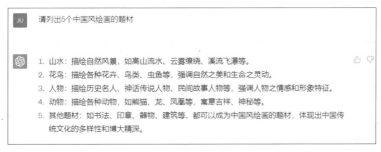

图 7-40　请列出 5 个中国风绘画的题材

步骤 02 在ChatGPT中输入关键词"以'山水中国风绘画'为主题，用关键词的形式描述一个30字的画面场景"，ChatGPT的回答如图7-41所示。

图 7-41　生成关键词

步骤 03 将ChatGPT生成的关键词通过百度翻译转换为英文，如图7-42所示。

图 7-42　将中文关键词翻译为英文

步骤 04 在Midjourney中通过/imagine指令输入相应的关键词，并在其后添加一些艺术风格、画面参数和画面尺寸的关键词，例如 "Chinese style painting（中国风绘画），4K，ultra wide angle（超广角），art station（艺术站），HD（High Definition，高分辨率）--ar 4∶3"，如图7-43所示。

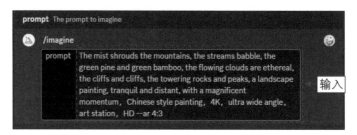

图 7-43　输入相应的关键词

步骤 05 按【Enter】键确认，生成相应的图片效果，如图7-44所示。

图 7-44　生成相应的图片效果

★ 专 家 提 醒 ★

中国风绘画注重意境的表现，强调气韵生动，富有诗情画意的特点。中国风绘画的手法和形式丰富多样，包括线条、墨渍、水墨、彩画等。

另外，中国风绘画经常采用借物抒情的方式，非常注重表现绘画者的感性体验，能够更好地体现出情感的深度和广度。

步骤 06 单击 ⟳（循环）按钮，再次生成相应的图片效果，如图7-45所示。

图 7-45　再次生成相应的图片效果

本章小结

本章主要向读者介绍了AI绘画的基本流程和实战案例，AI绘画的基本流程包括描述画面主体、补充画面细节、指定画面色调、设置画面参数、指定艺术风格、设置画面尺寸等内容，AI绘画的实战案例包括绘制艺术画、绘制二次元漫画、绘制超现实主义作品、绘制概念插画、绘制中国风绘画作品等。通过对本章的学习，希望读者能够更好地掌握AI绘画的操作方法。

课后习题

1. 尝试使用ChatGPT+Midjourney绘制一幅艺术画。
2. 尝试使用Midjourney将真实人物转化为二次元漫画形象。

第 8 章

AI 摄影： 生成精美的个性化作品

在当今数字化的时代，人工智能技术已经深入应用到各行各业中，摄影也不例外。AI 摄影技术的发展不仅改变了摄影的方式和手法，更为专业摄影师和摄影爱好者们带来了新的创作方式。

8.1 AI摄影的流程与技术

随着人工智能技术的不断发展，AI摄影已经成为当今摄影界的热门话题。AI技术生成的摄影作品更加细腻、生动、自然，同时也提高了摄影师的创作效率和作品的精美度。本节将深入探讨AI摄影的流程和技术，带大家一窥其奥秘。

8.1.1 画面主体

画面主体是构成照片的重要部分，是引导观众视线和表现摄影主题的关键元素。画面主体可以是人物、风景、物体等任何具有视觉吸引力的事物，同时需要在构图中得到突出，与背景形成明显的对比。下面介绍用画面主体描述生成AI摄影作品的操作方法。

扫码看教学视频

步骤 01 在Midjourney中通过/imagine指令输入相应的主体描述关键词，例如 "Girl walking in the flowers（女生走在花丛中），Chinese girl（中国女孩），full body photo（全身照）"，如图8-1所示。

图 8-1 输入相应的关键词

步骤 02 按【Enter】键确认，生成相应的图片效果，如图8-2所示。

步骤 03 单击U3按钮，以第3张图为参考图生成大图效果，如图8-3所示，可以看到人物手部有明显的瑕疵。

图 8-2 生成相应的图片效果

图 8-3 生成大图效果

★ 专 家 提 醒 ★

在选择画面主体时需要考虑摄影主题、画面效果、拍摄环境等因素，以便更好地表达摄影师的意图，还需要考虑画面主体的位置、大小、角度，以及与其他元素的关系等，以达到更好的构图效果。

画面主体的选择和处理是 AI 摄影作品成功的重要因素之一，合适的画面主体可以提升 AI 摄影作品的质量和吸引力，使其更加出色和令人印象深刻。

8.1.2　镜头类型

扫码看教学视频

在摄影中，镜头是摄影师最基本的装备之一，不同类型的镜头可以带来不同的画面效果和视觉感受。下面是一些常见的镜头类型和它们的用法。

（1）标准镜头：又称标准焦距镜头，通常是35mm的焦距，可以用于拍摄人像、风景、静物等，是最常用的镜头之一。

（2）广角镜头：焦距小于35mm的镜头，可以拍摄广阔的场景，例如城市风景、建筑物等，也常用于拍摄运动画面、人像题材等。

（3）超广角镜头：焦距小于24mm的镜头，具有特殊视角，可以捕捉到非常宽广的视野，使得镜头周围的景物都能被拍摄进去。

（4）长焦镜头：焦距大于135mm的镜头，可以拍摄远距离的景物，例如野生动物、体育比赛等。

（5）微距镜头：也称为放大镜头，通常为定焦镜头，焦距范围为50mm～105mm，可以拍摄昆虫、花朵等微小的物品，能够呈现出微小物品的细节和纹理。

（6）鱼眼镜头：具有超广角效果，焦距通常不超过16mm，且视角接近或等于180°，可以将整个场景的视角都包含进来，主要用于拍摄城市、星空等场景。

下面接着讲解镜头类型在AI摄影中的用法，在上一例生成的大图的基础上复制其链接和关键词，并增加一些镜头类型的描述，例如"Ultra wide angle lens（超广角镜头）"，通过Midjourney生成图片效果，具体操作方法如下。

步骤01 在Midjourney中通过/imagine指令输入相应的关键词，如图8-4所示。

图 8-4　输入相应的关键词

步骤 02 按【Enter】键确认，生成相应的图片效果，可以看到画面中纳入了更多的背景元素，人物在画面中的比例也变得更小了，如图8-5所示。

图 8-5　生成相应的图片效果

8.1.3　画面景别

在摄影中，画面景别所体现的就是主体与环境的关系，不同的景别可以在画面中容纳不同面积的环境，从而影响画面的情绪表达。摄影中常用的画面景别有远景、全景、中景、近景、特写等类型。

扫码看教学视频

例如，在上一例的关键词的基础上删除full body photo关键词，增加一些画面景别和设置图片尺寸的关键词，如"close shot（近景）--ar 4∶3"，并通过Midjourney生成图片效果，具体操作方法如下。

步骤 01 在Midjourney中通过/imagine指令输入相应的关键词，如图8-6所示。

图 8-6　输入相应的关键词

步骤 **02** 按【Enter】键确认，生成相应的图片效果，即可改变画面的景别和尺寸，让人物稍微靠近镜头一些，如图8-7所示。

步骤 **03** 单击U2按钮，以第2张图为参考图生成大图效果，如图8-8所示。

图 8-7　生成相应的图片效果

图 8-8　生成大图效果

8.1.4　拍摄角度

在摄影中，拍摄角度指的是拍摄者相对于被拍摄物体的位置和角度，例如俯拍、仰拍、平视、侧拍、斜拍、正面拍摄和背面拍摄等。同样，在AI摄影中不同的角度也可以带来不同的视觉效果和情感传达，影响整个画面的构图和表现力。

扫码看教学视频

例如，在上一例的关键词的基础上对关键词进行优化和修改，同时增加一些拍摄角度的关键词，如"the back（背面）"，并通过Midjourney生成图片效果，具体操作方法如下。

步骤 **01** 在Midjourney中通过/imagine指令输入相应的关键词，如图8-9所示。

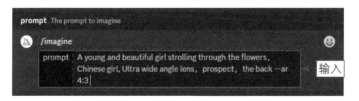

图 8-9　输入相应的关键词

★ 专家提醒 ★

"超广角镜头"与"近景"这两个关键词存在冲突，因此这里将景别的关键词改为"prospect（远景）"。用户可以尽量将重要的关键词放到前面，以提高它的权重。

步骤02 按【Enter】键确认，生成相应的图片效果，即可改变人物的拍摄角度，如图8-10所示。

图 8-10　生成相应的图片效果

8.1.5　光线角度

在摄影中，光线角度指的是光线照射被拍摄物体的方向和角度。不同的光线角度可以营造出不同的氛围和视觉效果，从而影响照片的色彩、明暗度和阴影等。常见的光线角度有正面光、背光、侧光、逆光等。

扫码看教学视频

例如，在上一例的关键词的基础上增加一些描述光线角度的关键词，如"Backlight shooting（逆光拍摄），sunlight（太阳光线）"，并通过Midjourney生成图片效果，具体操作方法如下。

步骤01 在Midjourney中通过/imagine指令输入相应的关键词，如图8-11所示。

图 8-11　输入相应的关键词

步骤02 按【Enter】键确认，生成相应的图片效果，即可改变画面中的光线角度，如图8-12所示。

图 8-12　生成相应的图片效果

★ 专 家 提 醒 ★

正面光是指光线直接照射被拍摄物体的正面，使其呈现出亮丽且安静的视觉感受；侧光是指光线从被拍摄物体的侧面照射过来，能够突出被拍摄物体的轮廓和质感；逆光是指光线从拍摄物体的后面照射过来，可营造出一种强烈的对比感，常用于拍摄剪影效果。

8.1.6　构图方式

构图是摄影中非常重要的一个环节，指的是将被拍摄物体合理地安排在画面中，使照片达到最佳的视觉效果和表现力。常见的构图方式有主体构图、三分线构图、九宫格构图、黄金分割构图、斜线构图、对称构图、透视构图等。

扫码看教学视频

★ 专 家 提 醒 ★

主体构图是指将被拍摄物体作为画面中最重要的元素，并通过合适的构图方式将其突出显示，从而使整张照片更加生动、有趣、有表现力。

在AI摄影中，采用不同的构图方式可以使画面更加有序、平衡、稳定或富有张力，能够帮助用户更好地表达自己的创作意图，为画面增添更多的视觉魅力。

例如，在上一例的关键词的基础上进行修改，增加一些描述构图方式的关键词，如"Main composition（主体构图）"，并通过Midjourney生成图片效果，具体操作方法如下。

步骤01 在Midjourney中通过/imagine指令输入相应的关键词，如图8-13所示。

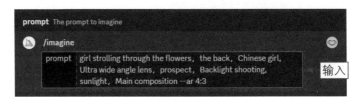

图8-13 输入相应的关键词

步骤02 按【Enter】键确认，生成相应的图片效果，即可调整画面的构图方式，如图8-14所示。

图8-14 生成相应的图片效果

8.1.7 光圈景深

光圈是指镜头中光线通过的孔径大小，它决定了相机进光量的多少，同时光圈大小对照片的景深也有着非常重要的影响。景深是指被拍摄物体

扫码看教学视频

的前后景物的清晰程度，也可以说是照片中可见范围内的景物距离镜头的深度范围。

景深的大小与光圈、焦距和拍摄距离有关。例如，较小的光圈（高 F 值）可获得较大的景深，适合拍摄需要整体清晰的场景，如风景；较大的光圈（低 F 值）可获得较浅的景深，适合突出主体并模糊背景的人像或静物拍摄。

浅景深指的是被拍摄物体的前景或后景模糊不清，而主体清晰明了，这种效果通常可以通过大光圈、长焦距或近距离拍摄来实现，可以突出被拍摄物体的主体特点，营造出柔和的背景光斑效果。

例如，在上一例的关键词的基础上进行适当修改，增加一些描述光圈景深的关键词，如"Shallow Depth of Field（浅景深）"，并通过 Midjourney 生成图片效果，具体操作方法如下。

步骤 01 在 Midjourney 中通过 /imagine 指令输入相应的关键词，如图 8-15 所示。

图 8-15　输入相应的关键词

步骤 02 按【Enter】键确认，生成相应的图片，即可改变画面的景深效果，如图 8-16 所示。

图 8-16　生成相应的图片效果

179

8.1.8 摄影风格

摄影风格是摄影师在创作时所采用的一系列表现手法和风格特征，它们能够反映出摄影师的个性和风格。常见的摄影风格包括纪实摄影、人像摄影、风光摄影、艺术摄影、时尚摄影等，每种摄影风格都有其独特的魅力和表现方式，用户可以根据自己的喜好和创作目的选择合适的风格来表达自己的AI摄影作品。

扫码看教学视频

例如，在上一例的关键词的基础上增加描述摄影风格的关键词，如"PORTRAIT（人像摄影）"，并通过Midjourney生成图片效果，具体操作方法如下。

步骤01 在Midjourney中通过/imagine指令输入相应的关键词，如图8-17所示。

图 8-17　输入相应的关键词

步骤02 按【Enter】键确认，生成相应的图片效果，即可改变画面的摄影风格，呈现出真实、自然的人物形象，如图8-18所示。

图 8-18　生成相应的图片效果

步骤 03 单击U1按钮，以第1张图为参考图生成大图效果，如图8-19所示。

图 8-19　生成大图效果

8.2　AI摄影的实战案例

如今，越来越多的摄影师开始利用AI技术来生成和修复照片，并且取得了不错的成果。本节主要介绍一些AI摄影题材的实战案例，帮助大家提升AI摄影作品的创意性和趣味性。

8.2.1　生成人像摄影作品

扫码看教学视频

人像摄影是一种专注于拍摄人类形象的摄影题材，常用于拍摄人的面部、身体、姿态和表情等方面，旨在通过摄影作品传达出被拍摄者的情感、特质和面貌。人像摄影广泛应用于艺术创作、商业广告和个人纪念等领域。

在通过AI生成人像摄影作品时，用户需要注重构图、光线、色彩和表情等关键词的描述，以营造出符合主题和氛围的画面效果，让AI生成的人像照片更具表现力和感染力。同时，用户需要选择合适的背景、角度和距离等关键词，以展示出画面中人物的个性和特点。

下面以Midjourney为例介绍生成人像摄影作品的操作方法。

步骤 01 在Midjourney中通过/imagine指令输入相应的关键词，如图8-20所示。为了更好地展示出人物的全身效果，特意将关键词full body（全身）放到了靠前的位置。

图 8-20　输入相应的关键词

步骤 02 按【Enter】键确认，即可生成相应的人像摄影作品，如图8-21所示。

图 8-21　生成相应的人像摄影作品（人像全身照）

步骤 03 如果要展现人物的近景，可以将关键词full body替换为upper body close-up（上身特写），如图8-22所示。

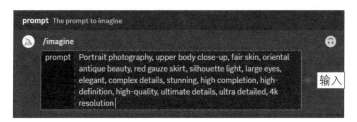

图 8-22　输入相应的关键词

步骤 04 按【Enter】键确认，即可生成相应的人像特写摄影作品，如图8-23所示。

图 8-23　生成相应的人像特写摄影作品

8.2.2 生成风光摄影作品

风光摄影是指通过拍摄来记录和表现自然风光的一种摄影题材，例如拍摄广阔的天空、高山、大海、森林、沙漠、湖泊、河流等各种自然景观。风光摄影主要用于展现大自然的美丽和神奇之处，让观众感受到自然的力量和魅力。

在用AI生成风光摄影作品时不仅需要输入合理的光线和构图等关键词，还需要注意景深的描述，营造出画面的层次感和深度感。

下面以Midjourney为例，介绍生成风光摄影作品的操作方法。

步骤01 在Midjourney中通过/imagine指令输入相应的关键词，如图8-24所示。为了模拟出真实的风光摄影效果，在关键词中加入了nikon D850，这是尼康的一款单反相机的型号。

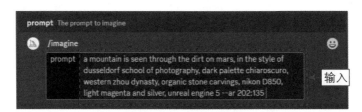

图 8-24　输入相应的关键词

步骤02 按【Enter】键确认，即可生成相应的风光摄影作品，如图8-25所示。

图 8-25　生成相应的风光摄影作品

8.2.3　生成动物摄影作品

　　动物摄影是记录和表现各种动物的外貌和行为的摄影题材。在使用 AI 生成动物摄影作品时需要考虑光线、构图、焦距、景别、摄影风格等关键词的描述，以绘制出真实、自然的动物效果图。

　　下面以 Midjourney 为例介绍生成动物摄影作品的操作方法。

　　步骤 01　在 Midjourney 中通过 /imagine 指令输入相应的关键词，如图 8-26 所示。在关键词中主要描述了小鸟的动作、颜色和背景等，并指定了摄影风格为 32k uhd（Ultra High Definition，超高清）。

图 8-26　输入相应的关键词

　　步骤 02　按【Enter】键确认，即可生成相应的动物摄影作品，如图 8-27 所示。

图 8-27　生成相应的动物摄影作品

185

8.2.4 生成植物摄影作品

扫码看教学视频

植物摄影是记录和表现各种植物的形态和特征的摄影题材。在使用AI生成植物摄影作品时需要考虑光线、背景、构图、焦距、景深、色彩等关键词的描述，以突出植物的特点和美感。

下面以Midjourney为例介绍生成植物摄影作品的操作方法。

步骤01 在Midjourney中通过/imagine指令输入相应的关键词，如图8-28所示。在关键词中不仅描述了荷花的颜色和拍摄场景，还加入了镜头型号、焦距、光圈等参数，有助于提升AI绘画作品的质量。

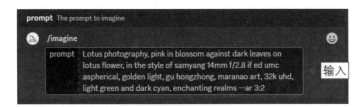

图 8-28　输入相应的关键词

步骤02 按【Enter】键确认，即可生成相应的植物摄影作品，如图8-29所示。

图 8-29　生成相应的植物摄影作品

8.2.5　生成建筑摄影作品

建筑摄影是一种记录和表现建筑物的外观、结构和细节的摄影题材，它可以展现建筑物的美学和功能，通过摄影师的视角和技巧将建筑物的设计、材料和色彩呈现出来。在使用AI生成建筑摄影作品时需要考虑光线、角度、构图、色彩、对比度、摄影风格等关键词的描述，以突出建筑物的特点。

下面以Midjourney为例，介绍生成建筑摄影作品的操作方法。

步骤 01 在Midjourney中通过/imagine指令输入相应的关键词，如图8-30所示。在关键词中不仅体现了建筑物的名称，还加入了背景、颜色、摄影风格和构图方式等描述词。

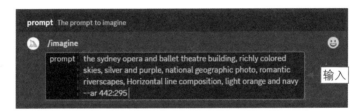

图 8-30　输入相应的关键词

步骤 02 按【Enter】键确认，即可生成相应的建筑摄影作品，如图8-31所示。

图 8-31　生成相应的建筑摄影作品

8.2.6 生成人文摄影作品

扫码看教学视频

人文摄影是一种通过摄影来表现人类生活、文化、社会和情感等方面的艺术形式，它强调对人类经验的关注和理解，旨在捕捉人类的情感、个性和文化背景，以展现人物的特点。

下面以Midjourney为例介绍生成人文摄影作品的操作方法。

步骤01 在Midjourney中通过/imagine指令输入相应的关键词，如图8-32所示。在关键词中不仅刻画了主体人物的形象特征，还加入了明暗对比、暗角等摄影方面的专业描述词。

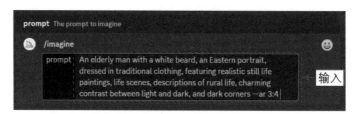

图 8-32　输入相应的关键词

步骤02 按【Enter】键确认，即可生成相应的人文摄影作品，如图8-33所示。

图 8-33　生成相应的人文摄影作品

本章小结

本章主要向读者介绍了AI摄影的相关基础知识，包括画面主体、镜头类型、画面景别、拍摄角度、光线角度、构图方式、光圈景深、摄影风格等摄影技术，以及人像摄影、风光摄影、动物摄影、植物摄影、建筑摄影、人文摄影等AI摄影作品的

实战案例。通过对本章的学习，希望读者能够更好地掌握用AI生成各种摄影作品的
操作方法。

课后习题

1. 使用Midjourney生成一幅儿童人像摄影作品。
2. 使用Midjourney生成一幅花卉摄影作品。

第 9 章

电商广告：高效率、高质量的视觉转化

AI 技术可以在电商广告中发挥重要作用，通过自动生成高质量的视觉内容提高广告的吸引力和转化率，节省人工创作的成本和时间。本章主要介绍使用 AI 技术制作电商广告的流程与技术，以及相关的案例实战。

9.1 电商广告的流程与技术

电商广告可以帮助企业更好地推销产品，提高品牌和店铺的知名度和销售额，促进企业的长期发展。本节将以一个女装店铺为例介绍使用AI技术制作电商广告的操作方法，帮助大家掌握基本的流程与技术。

9.1.1 设计店铺Logo

Logo是店铺形象的重要组成部分，一个好的Logo能够吸引消费者的注意力，提升店铺的形象和知名度。下面介绍使用AI设计店铺Logo的操作方法。

扫码看教学视频

步骤 01 从最简单的关键词开始，只给Midjourney最小的限制，即Logo设计（Logo design）和女装店铺（women's clothing store）这两个最基本的需求，在Midjourney中通过/imagine指令输入相应的关键词，如图9-1所示。

图 9-1 输入两个最基本的关键词

步骤 02 按【Enter】键确认，即可生成相应的Logo图片效果，如图9-2所示。

图 9-2 生成相应的 Logo 图片效果

步骤03 补充一些描述关键词，如"flattened（扁平化），2D，whitebackground（白色背景），simple style（简洁风），vector（矢量）"，在Midjourney中通过/imagine指令输入相应的关键词，如图9-3所示。

图 9-3　补充一些描述关键词

步骤04 按【Enter】键确认，并单击 （循环）按钮，即可生成更多符合需求的Logo图片效果，如图9-4所示，从中挑选合适的Logo图片。

图 9-4　生成 Logo 图片效果

★ 专家提醒 ★

需要注意的是，Midjourney 生成的字母是非常不规范甚至是不可用的，这没关系，用户可以在后期选定相应的图片后使用 Photoshop（简称 PS）进行修改。另外，在使用 Midjourney 设计电商广告时效果图的随机性很强，用户需要通过不断地修改关键词和"刷图"（即反复生成图片）来得到自己想要的效果。

9.1.2　设计产品主图

产品主图是指在电商平台或线下店铺中展示的产品首图，主要起到引流和提升转化率的作用。产品主图可以直接影响消费者对产品的第一印象，提升产品的美感和吸引力，从而激发消费者的购买欲望。下面介绍

扫码看教学视频

使用AI设计产品主图的操作方法。

步骤01 在Midjourney中通过/imagine指令输入相应的关键词，如图9-5所示。关键词主要描述产品的类型、颜色、款式、流行元素、风格等。

图 9-5　输入相应的关键词

步骤02 按【Enter】键确认，即可生成相应的产品主图，效果如图9-6所示。

图 9-6　生成相应的产品主图

9.1.3　设计模特展示图

模特展示图是指用于展示服装、化妆品、珠宝、箱包、配饰等产品的模特摄影作品，通过模特的形象和气质塑造品牌的形象和风格，提升品牌的知名度和美誉度。模特展示图通过搭配不同的服装、配饰和化妆品等为消费者提供搭配指导和灵感，帮助消费者更好地选择和搭配产品。

扫码看教学视频

下面介绍使用AI设计模特展示图的操作方法。

步骤01 在Midjourney中通过/imagine指令输入相应的关键词，并生成AI模特图片，如图9-7所示。

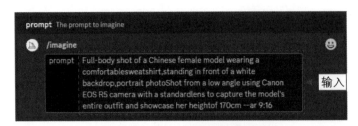

图9-7　输入相应的关键词并生成 AI 模特图片

步骤02 在生成自己想要的模特图片后将其保存到本地，然后使用PS打开保存的模特图片，并用抠好的衣服图片覆盖住要替换模特的衣服的位置，如图9-8所示。

图9-8　使用 PS 处理产品和模特图片

★ 专家提醒

　　抠图主要用到 PS 的"主体"命令，能够一键抠出产品主体。建议用户选择质量较高的产品白底图进行合成，如果图片的质量很差，也会影响合成的效果。

　　步骤 03 将PS合成的图片导出到本地后回到Midjourney中，通过/describe指令上传合成的图片，并复制图片的链接，通过/imagine指令输入图片链接和生成该模特图片时使用的关键词，并在后面添加--iw 2指令，如图9-9所示。

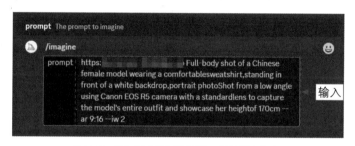

图 9-9　输入相应的图片链接、关键词和指令

　　步骤 04 按【Enter】键确认，即可生成相应的模特展示图，效果如图9-10所示。

图 9-10　生成相应的模特展示图

9.1.4　设计产品详情页

　　产品详情页是电子商务网站中展示单个产品详细信息的页面，它是消费者了解和评估产品的主要依据，通常包括产品的展示图、描述、功能、款式、颜色、价格和场景图等。产品详情页的设计应该注重消费者的需求和购买心理，提供清晰、简洁、直观、诱人的信息和体验。

扫码看教学视频

下面以女装产品详情页中比较常见的款式展示图为例介绍具体的制作方法。

步骤 01 在Midjourney生成的产品主图中单击U1按钮，如图9-11所示。

步骤 02 执行操作后显示相应的大图效果，单击Make Variations按钮，如图9-12所示。弹出相应对话框，单击"提交"按钮。

图 9-11　单击 U1 按钮

图 9-12　单击 Make Variations 按钮

步骤 03 执行操作后Midjourney将以第1张图为模板重新生成4张图片，可以将其作为该服装产品的不同款式的详情页展示图，效果如图9-13所示。

图 9-13　不同款式的详情页展示图

9.1.5 设计店铺海报

扫码看教学视频

海报是网店的重要组成部分，可以提高店铺的访问量和转化率。一个好的海报可以吸引消费者的注意力，让他们停留在店铺中，了解更多关于品牌和产品的信息。下面介绍使用AI设计店铺海报的操作方法。

步骤01 在Midjourney中通过/imagine指令输入相应的关键词，如图9-14所示。关键词主要描述海报的色彩风格和主体内容，同时要注意尺寸的设置，需要符合电商平台的海报尺寸要求。

图 9-14 输入相应的关键词

步骤02 按【Enter】键确认，即可生成相应的店铺海报效果，如图9-15所示。

图 9-15 生成相应的店铺海报效果

★ 专家提醒 ★

用户可以在 Midjourney 生成的店铺海报的基础上使用 PS 添加一些文案内容和促销标签，得到更加完善的海报效果，如图 9-16 所示。

图 9-16　海报效果

9.2 电商广告的案例实战

　　AI可以通过识别品牌或产品的特征和关键信息生成具有吸引力的电商广告，从而提高营销效果和产品销量。此外，AI还可以自动化地生成不同场景和情境下的广告内容，例如节日促销、品牌活动等，满足不同消费者的需求和购买习惯，提高广告的精准度和针对性。

　　AI绘画在电商广告中的作用不容小觑，未来将会在电商广告中扮演越来越重要的角色。本节将以几个行业案例介绍通过AI绘画制作电商广告的方法。

9.2.1　制作家电广告

　　家电广告通常以生动形象的方式展示产品的特性，引导消费者产生
对产品的好感和认知。家电广告的制作要点主要包括以下几个方面。

扫码看教学视频

- 要明确广告的目标受众和传播渠道。
- 要突出产品的特点和优势，并且要结合消费者需求进行表现和描述。
- 要选择合适的宣传语言和视觉形式，以吸引目标受众的注意力。
- 要在广告中提供足够的信息和明确的购买渠道，以促进消费者的购买行为。

同时，在制作广告时要注意符合相关法律法规和道德准则，确保广告的真实性和可靠性。

下面使用Midjourney制作一个家电广告，主要用于放在移动端的店铺首页进行展示，让消费者了解该店铺的特点和优势，并促进其产生购买行为。

步骤 01 在Midjourney中通过/imagine指令输入相应的关键词，如图9-17所示。关键词主要描述家电广告图的背景样式、主体内容、艺术风格、尺寸比例等。

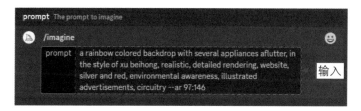

图 9-17　输入相应的关键词

步骤 02 按【Enter】键确认，即可生成相应的家电广告图，效果如图9-18所示。

图 9-18　生成相应的家电广告图

★ 专家提醒

需要注意的是，Midjourney是无法生成广告文案的，用户可以使用Photoshop、Adobe Pagemaker、CDR（CorelDRAW）、AI（Adobe Illustrator）等软件来添加广告文字。

9.2.2　制作数码广告

扫码看教学视频

数码广告主要用于宣传数码产品，其创意和互动性非常重要，需要吸引目标消费者的注意力，提高广告的营销效果。

下面使用Midjourney制作一个手机广告，具体操作方法如下。

步骤01 在Midjourney中通过/imagine指令输入相应的关键词，如图9-19所示。关键词主要描述了主体产品、视觉风格、背景元素等。

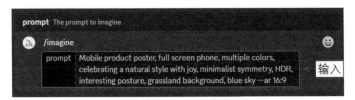

图9-19 输入相应的关键词

步骤02 按【Enter】键确认，即可生成相应的手机广告图，效果如图9-20所示。

图9-20 生成相应的手机广告图

另外，用户可以使用ChatGPT生成一些手机广告的促销文案，例如在ChatGPT中输入"请为手机广告图设计5条促销文案"，ChatGPT的回答如图9-21所示。

图9-21 生成手机广告的促销文案

选择合适的手机广告图和促销文案后使用平面设计软件将文案添加到广告图中，效果如图9-22所示。

图 9-22　将文案添加到广告图后的效果

★ 专 家 提 醒 ★

AI 电商广告设计同样要符合一定的美学标准，不仅颜色、构图、文字的组合要协调，而且视觉效果也要做到美观、舒适。同时，电商广告中的各种信息要有层次感，重点内容突出，信息分层明确。

9.2.3　制作家居广告

扫码看教学视频

家居广告主要用于宣传家居产品或家居服务，要注重创意和品牌形象的表现，提高广告的影响力和传播效果。

下面使用Midjourney制作一个沙发广告，具体操作方法如下。

步骤01 在Midjourney中通过/imagine指令输入相应的关键词，如图9-23所示。关键词主要描述了主体产品、模特、风格以及渲染方式等内容。

图 9-23　输入相应的关键词

步骤 02 按【Enter】键确认，即可生成相应的沙发广告图，效果如图9-24所示。

图 9-24　生成相应的沙发广告图

步骤 03 单击U3按钮，生成沙发广告的大图效果，如图9-25所示。

图 9-25　生成沙发广告的大图效果

9.2.4 制作食品广告

在使用AI制作食品广告时要重点突出食品的口感、营养、健康等方面的优点，让消费者产生购买欲望。

下面使用Midjourney制作一个山核桃广告，具体操作方法如下。

步骤01 在Midjourney中通过/imagine指令输入相应的关键词，如图9-26所示。关键词主要描述了主体产品、装饰元素、背景画面以及色彩风格等内容。

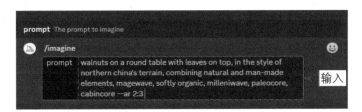

图 9-26 输入相应的关键词

步骤02 按【Enter】键确认，即可生成相应的山核桃广告图，效果如图 9-27所示。

图 9-27 生成相应的山核桃广告图

9.2.5 制作汽车广告

汽车广告的设计要点包括醒目的品牌标志、突出的产品特点、清晰的信息呈现、独特的视觉效果、简洁而有力的文字描述等。另外，汽车广告还需要使用高质量的图片和色彩搭配，以及注意版面设计的比例和平衡。总之，汽车广告要能够吸引人的视线，并清晰地传达营销信息，同时能够引起消费者对产品的兴趣和渴望。

下面使用Midjourney制作一个汽车广告，具体操作方法如下。

步骤01 在Midjourney中通过/imagine指令输入相应的关键词，如图9-28所示。关键词主要描述了汽车类型、背景元素、镜头类型、色彩风格等内容。

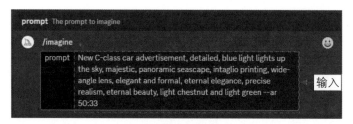

图 9-28　输入相应的关键词

步骤02 按【Enter】键确认，即可生成相应的汽车广告图，效果如图9-29所示。

图 9-29　生成相应的汽车广告图

9.2.6　制作房产广告

房产广告可以帮助房产销售者传达房产的特点、优势和卖点等信息，引起潜在买家或租户的兴趣，促使他们进一步了解该房产，并最终购买或租赁该房产。另外，房产广告也可以提高房产品牌的知名度和市场占有率，帮助销售者在竞争激烈的市场中脱颖而出，增加销售机会和收入。

扫码看教学视频

下面介绍一个房产广告视频的制作方法，首先使用ChatGPT生成相应的口播文案内容。在ChatGPT中输入"策划一个房产短视频的口播文案，主要介绍江景房的优势和装修，写100字"，ChatGPT即可帮我们策划视频的口播文案内容，如图9-30所示。

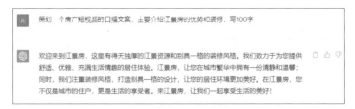

图 9-30　策划视频的口播文案内容

接下来使用剪映的"图文成片"功能生成房产广告视频，具体操作方法如下。

步骤 01 打开剪映后单击"图文成片"按钮，弹出"图文成片"对话框，输入相应的标题和文字内容，如图9-31所示。

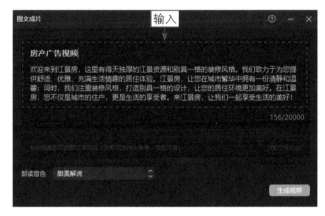

图 9-31　输入相应的标题和文字内容

步骤 02 单击"生成视频"按钮，即可自动生成一个完整的视频，在相应视频素材上单击鼠标右键，在弹出的快捷菜单中选择"替换片段"选项，如图9-32所示。

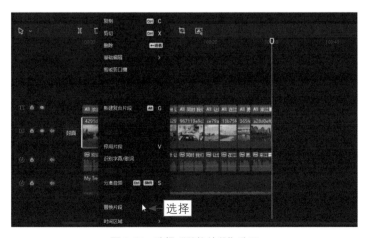

图 9-32　选择"替换片段"选项

步骤 03 弹出"请选择媒体资源"对话框，选择相应的视频素材，如图9-33所示。

步骤 04 单击"打开"按钮，弹出"替换"对话框，单击"替换片段"按钮，如图9-34所示。

图9-33　选择相应的视频素材　　　　　　图9-34　单击"替换片段"按钮

步骤 05 执行操作后即可替换视频素材，然后使用同样的操作方法替换其他的视频素材，最终的视频效果如图9-35所示。

图9-35　最终的视频效果

本章小结

　　本章主要向读者介绍了AI电商广告的相关基础知识，包括设计店铺Logo、设计产品主图、设计模特展示图、设计产品详情页、设计店铺海报等一个完整的店铺设计流程，以及制作家电广告、制作数码广告、制作家居广告、制作食品广告、制作汽车广告、制作房产广告等案例实战。通过对本章的学习，希望读者能够更好地掌握使用AI工具制作电商广告的操作方法。

课后习题

　　1. 使用Midjourney生成服装模特图片。
　　2. 使用Midjourney制作一个汽车广告。